普天之下・盡是好書
普天出版家族
Popular Press Family
凌雲文創
A-Plus Creative Company

The Art of War

Thick Black Theory is a philosophical treatise written by Li Zongwu, a disgruntled politician and scholar born at the end of Qing dynasty. It was published in China in 1911, the year of the Xinhai revolution, when the Qing dynasty was overthrown.

孫子兵法

活用兵法智慧，才能為自己創造更多機會

三十六計

商戰奇謀妙計

《孫子兵法》說：

「善戰者立於不敗之地，
而不失敵之敗也。是故勝兵先勝，而後求戰；
敗兵先戰，而後求勝。」

確實如此，善於心理作戰的聰明人，都不會錯過打敗敵人的良機，
也不會坐待敵人自行潰敗。
不管任何形式的競爭都必須具備一定的競爭謀略，
從不斷變化的情勢看準有利的機會迅速出手，為自己牟取最大的利益。

唯有靈活運用智慧，才能為自己創造更多機會，想在各種戰場上克敵制勝，
《孫子兵法》與《三十六計》絕對是你必須熟讀的人生智慧寶典。

Thick Black Theory is a philosophical treatise written by Li Zongwu,
a disgruntled politician and scholar born at the end of Qing dynasty.
It was published in China in 1911, the year of the Xinhai revolution,
when the Qing dynasty was overthrown.

羅策 編

【出版序】

活用兵法智慧，創造更多機會

唯有靈活運用智慧，才能為自己創造更多機會，想在各種戰場上克敵制勝，《孫子兵法》與《三十六計》絕對是你必須熟讀的人生智慧寶典。

經濟學家法瑪說過：「市場不是抽象的動物，而是眾多投資人做決定的地方，因此，不論你做什麼決定，其實都是跟其他人在打賭。」

所有的商業行爲，基本上都是各方勢力的博弈，想要戰勝難纏的競爭對手，想要發財致富，就必須具備過人的智慧和膽識，既要看到風險後面的龐大契機，更看到機會後面的巨大風險。

活在腦力競賽、心理博弈的時代，想提升自己的競爭力，就得讀點《三十六計》，活用一些克敵制勝的招數。

《三十六計》是與《孫子兵法》齊名的經典奇書，集歷代兵法、韜略、計謀之大成，並且融合《易經》理論，推演出各種對戰關係的相互轉化，每一計都靈活多變，只要能巧妙運用，就無異於掌握了致勝的關鍵！

如何才能將一家公司經營得有聲有色、前景與聲勢非凡呢？最客觀的衡量標準，應該是什麼？

想必大家都知道，當然是利潤；沒有利潤，公司就無法生存。

那麼，源源不斷的利潤從哪裡來？

毫無疑問，答案是成功的經營。

本書的推出，用意正在於探討公司經營致勝的妙計，因爲，如果不具備經商應有的心機，無法處理此類營運之時遭遇的各種難題，弄不明白其中奧妙，必定無法擺脫錯誤，甚至可能會遇上難以收拾的大麻煩、大漏洞。

的確，經營問題至關重要。不懂得如何經營，無法抓住商機，僅懂一點雕蟲小技，還能算得上是合格老闆嗎？當然不能。事實上，要做點小生意，並不是太難，但要經營公司，學問可就大了，必須掌握一套有效的經營術，才能讓自己在任何時候、任何情況，都立於不敗之地。

經營本身充滿了智慧，不懂方法的行爲就只能稱作胡來。

不管公司大小，都是一個系統，想要成功，老闆必須把整個「系統」經營好，而且應當做到全方位管控，操控收放自如。

不管做生意或經營公司，靠的是腦力，而不是蠻力，應該動腦筋，找對可靠的「勢力」提攜自己，然後慢慢積累實力，才能佔領市場。

有很多人天天吃苦，埋頭賺小錢，卻不知道這並非商道的全部，更不知道該學著「用心機發掘商機」。

眞正的聰明人，會在時機不成熟時，耐心等待最好的出擊時刻，以達到事半功倍的效果。若能不費多少力氣就賺大錢，豈不是一件美事？

商機無限，但究竟藏在什麼地方？

其實，就藏在你的眼光中，藏在你的心機裡。

假使無意間發現商機，卻沒有太大把握是否要全心全力投入，那不如停下來看清形勢，然後跟著高人順水推舟。

開公司就是要謀利，但不能急於求成，該學著採用「欲擒故縱」手法，先放，再收，如此反倒能得到比預期更多的收穫。

又有些時候，情況會突然產生變化，你就不能枯等機運降臨，必須趕緊改變思路，尋求一套新的發展之道，來保護自己、成就自己，否則，必定免不了遭受重創，體無完膚。

商場情勢千變萬化，當大軍壓境時該怎麼辦？是的，這時就是考驗企業領導者是否具備最難得的智慧和膽識！經營公司常常得面臨「大軍壓境」的緊迫感，這時候，畏懼害怕一點作用都沒有，需要的是勇於面對的精神和克敵制勝的智慧。

本書提供了無數克敵制勝的妙計，運用這些妙計，需要什麼？

正是經營者必須具備智慧和本領。

許多公司的老闆表面上都很張狂，但腦袋裡的知識常識並不多，更沒辦法運用心機攫取商機，即使偶有發揮，也是瞎貓碰上死耗子，成功猶如曇花一現。因此，學習思考，用更全面、透徹的眼光看事物，然後聰明地在適當時機運用心機，開創商機，才是最有效的致富之道。

《孫子兵法》說：「善戰者立於不敗之地，而不失敵之敗也。是故勝兵先勝，而後求戰；敗兵先戰，而後求勝。」

確實如此，善於心理作戰的聰明人，都不會錯過打敗敵人的良機，也不會坐待敵人自行潰敗。不管任何形式的競爭都必須具備一定的競爭謀略，從不斷變化的情勢看準有利的機會迅速出手，爲自己牟取最大的利益。

唯有靈活運用智慧，才能爲自己創造更多機會，想在各種戰場上克敵制勝，《孫子兵法》與《三十六計》絕對是你必須熟讀的人生智慧寶典。

《三十六計》萃取《孫子兵法》的謀略精華，不僅運用在軍事領域，在商業競爭之時也廣泛被援用。

與《孫子兵法》相比，《三十六計》著重於實戰，對戰計謀多變、語彙淺顯易懂，更涉及性格的強化、心境的調整、能力的提升、經驗的累積、人脈的增長、競爭優勢的確立……等各個層面。只要多加學習，必定讓自己受益無窮。

目錄 CONTENTS

目錄 CONTENTS

目錄 CONTENTS

目錄 CONTENTS

【第18計】擒賊擒王

第1計

瞞天過海

「巧施煙幕」是為了「瞞天過海」，

是形容一種志在自保的經營招數。

瞞什麼？瞞住真相；過什麼？渡過難關。

【原文】

備周則意怠，常見則不疑。陰在陽之內，不在陽之對。太陽，太陰。

【注釋】

備周則意怠：備，防備。周，周密、周到。意，意志、思想。怠，懈怠、鬆懈。句意爲：防備十分周密，容易使自己有恃無恐，意志鬆懈。

陰在陽之內，不在陽之對：陰，這裡指的是秘密謀略。陽，這裡指公開的行動。對，對立、相反的方面。全句意思爲：秘密的謀略就隱藏在公開的行動之中，而不與公開行動相對立。

太陽、太陰：太，這裡是指極端、特別、非常之意。此句意思爲：在最公開的行動裡，往往隱藏著最秘密的陰謀。

【譯文】

自認爲防備十分周密，容易使人產生麻痹鬆懈的心理，對於那些司空見慣的事，就不再心生懷疑。秘密、陰謀往往隱藏在公開的活動中，而不是與公開、曝露的事物相互對立。非常公開的行動，往往蘊藏著非常的機密。

【計名探源】

「瞞天過海」的典故出於《永樂大典．薛仁貴征遼事略》。唐貞觀十七年，唐太宗御駕親征，領三十萬大軍遠征遼東。大軍浩浩蕩蕩來到海邊，唐太宗見眼前大浪滔天，茫茫無窮，忙向衆將詢問過海之計，衆將面面相覷，無計可施。忽然，一個近居海上之人請求見駕，並聲稱他家已經獨備三十萬大軍過海軍糧。

唐太宗大喜，便率百官隨這人來到海邊。只見家家戶戶皆用彩幕遮圍，分外嚴密。這人引唐太宗入室，室內皆是繡幔錦彩，茵褥鋪地，百官入座，宴飲甚樂。

不久，風聲四起，波響如雷，杯盞傾側，良久不止。唐太宗大驚，忙令近臣揭開彩幕察看，一看愕然，眼前一片蒼茫海水，渺無涯際，哪裡是在百姓家裡作客，大軍竟然已航行於大海之上了！

原來，這個人是新招壯士薛仁貴假扮。這裡的「天」指的是天子，瞞著天子，在不受驚嚇的情況下渡過大海，比喻欺瞞的手段十分高明。「瞞天過海」用在軍事上，是一種示假隱眞的疑兵之計，通過戰略僞裝，達到出其不意的戰鬥效果。

巧施煙幕，才能瞞天過海

「巧施煙幕」是為了「瞞天過海」，是形容一種志在自保的經營招數。瞞什麼？瞞住真相；過什麼？渡過難關。

做生意不是一件容易的事，往往你正把公司經營得有聲有色，卻突然冒出一兩個競爭對手前來爭地盤、搶利潤，把你氣得火冒三丈。但不容否認，這是商場上的常事，因此，就必須動腦筋，要心機，施放出能讓人產生錯覺的煙霧彈，瞞住眞相，在對手的眼皮底下，悄悄達成自己的計劃。

這正是三十六計中，「瞞天過海」的精髓所在。

經營公司時，最忌一廂情願，誤犯以下兩種錯誤：

- 不懂得製造假象，讓對手產生錯誤判斷，從而保證自己的利潤不被侵佔。

• 防人之心絕對不可無。若是過於相信人，愛抖露牌底，讓對手知道全部，最後必會被狠狠地反將一軍。

要經營好一間公司，不可避免得面臨來自許多方面的挑戰。在衆多挑戰中，有兩種最爲重要：一是同行之間的競爭，二是自我能力的提高。

對於生意人來說，被同行打敗是正常的，同行被自己打敗也是正常的。若同行的眼光比較遠、能力比較強，自然無力與之抗爭，難免落得失敗。

那麼，該如何應對？

不想被打敗，必須擁有自己的一套經營謀略，算計如何以更高明的招數贏得這場競爭，如何把經商智慧發揮到淋漓盡致。

能這樣想的人，才是眞正的生意人；不懂這樣想的人，連「生意人」三個字都稱不上，即便做起生意，也搞不出什麼名堂。

做生意，自然不能缺少獨到的經營智慧。

談起經營智慧，首先想到的必定是各種能獲得成功的計策。在這裡，首先要探討的第一種經營妙計是「巧施煙幕，瞞天過海」。

所謂巧施煙幕，說穿了，就是透過施放煙霧彈以遮掩眞相，好藉刻意製造的假象達到眞正目的。

或許，你不禁要問，爲什麼非要「巧施煙幕」不可呢？

道理其實非常簡單，因爲要提振自己的生意，不可能不借助一些特殊手段，例如廣告、營銷，來推廣產品。

設想，本來好端端的一筆生意，已經做得如魚得水，駕輕就熟，突然有人打進圈裡，大肆爭地盤、搶市場，你受得了嗎？一定會設法使出某些招數去趕跑競爭對手，搶回屬於自己的利潤。

此時，直來直去顯然行不通，必須巧施一點煙幕，設個圈套把對方誘入，例如假裝與其合作，實際上意在摸清底細，瞭解弱點，一旦時機成熟，就可以攻其不備，一擊中的，徹底打敗對手。

再如，商品就是賣不掉，怎麼辦？

乾著急沒有用，必須想出妙計加以促銷，想想能不能在廣告詞上動一點腦筋？能不能在價格上玩點小手段？

可以在廣告上透過一些詞語施放「煙霧彈」，勾起消費者的購買慾望；可以打一場降價銷售大戰，以此來促銷產品。

對商家來說，把自己的品牌說得更好，把市場缺貨的氣氛炒得更熱，都等同在施放「煙霧彈」，用意不過爲了趕緊賣掉自己的產品。

如果你只懂得守株待兔等顧客上門，恐怕不會有太大出路，因此「巧施煙幕」是縱橫商場者必須掌握的一個妙計。

當然，「巧施煙幕」不是提倡行騙，而是一種志在自保的經營招數。

在商場上，若把眞相暴露得太多，就等同喪失了吸引力；相反的，假如你能透過「煙幕」遮蓋自己，就能保有神秘感。

消費者的心理不外兩大類，一是對已經熟悉的東西感興趣，二是對陌生的東西更感興趣。因此，「巧施煙幕」這條經營妙計非但不可不用，而且還要用出智慧，以保證自己的成功。

假如你還是商場新手，體會不到「巧施煙幕」的奧妙，一定要馬上學習，因爲那些圓滑老練的老闆們，可全都是「巧施煙幕」的高手。

「巧施煙幕」是爲了「瞞天過海」，說穿不外乎兩個字——「瞞」與「過」！

瞞什麼？當然是瞞住真相。

過什麼？當然要渡過難關。

商戰筆記

- 不想被打敗，必須擁有經營謀略；懂得使用謀略，才是真正的生意人。
- 巧施煙幕，目的在於打敗競爭對手、吸引更多客戶，讓生意更上一層樓。

洩漏假機密，是為了轉移注意力

故意洩漏不該洩漏的機密，是為了轉移對方的注意力，以暗中從事另外一件機密的事。

生意往來上，每一次不慎機密洩漏都可能造成致命的打擊，但卻有人故意洩漏機密，這是爲什麼呢？

當然是爲了轉移對手的注意力。

蘇聯還沒解體之前，曾派人在美國放風聲，說打算挑選一家飛機製造公司爲夥件，建造一座世界最大的噴氣式客機製造廠，以完成年產一百架巨型客機的目標。如果美國公司的條件不合適，他們就將轉向英國或德國公司，洽談這筆總額達三億美元的生意。

美國的三大巨頭——波音飛機公司、洛克希德飛機公司和麥克唐納．道格拉斯飛機公司聞訊後，都想搶到這筆「大生意」，便背著美國政府，分別和前蘇聯方面進行私下接觸。前蘇聯則不置可否，在它們之間周旋，讓它們競爭，以求更能滿足自己的條件。

波音公司爲了搶到這筆生意，首先同意前蘇聯方面提出的要求——讓二十名專家到飛機製造廠參觀、考察。

到了波音公司，前蘇聯派出的專家被視爲上賓，不僅可以仔細參觀飛機裝配線，甚至能鑽到機密的實驗室裡「認眞考察」。他們先後拍了成千上萬張照片，並得到大量資料，最後還帶走了波音公司製造巨型客機的詳細計劃。

波音公司熱情地送走訪客後，滿心歡喜等待他們回來談生意、簽合約。豈料，這些人卻有如肉包子打狗，有去無回。

不久，美國人竟發現前蘇聯利用波音公司提供的技術和資料，設計製造出伊留申式巨型噴氣運輸機。飛機引擎是美國羅爾斯．羅伊斯噴氣引擎的仿製品，甚至連合金材料都是從美國獲得。

究竟是怎麼回事呢？

原來，前蘇聯專家們都穿了一種特殊皮鞋，鞋底能吸附從飛機部件上切削下來的金屬屑，只要把金屬屑帶回去一分析，就學到了製造合金的技術。

這一招，使得一向精明的波音公司大呼上當，後悔不已。

巧施煙幕，是爲了瞞天過海，前蘇聯之所以故意洩漏不該洩漏的機密，是爲了轉移對方的注意力，以暗中從事另外一件機密的事。

商戰筆記

- 面對精明的對手，不妨放出假情報，製造「煙幕」，有效轉移注意力，從而達到自己的目的。

以迂為直是不戰而勝的貼切演繹

不損及自身一兵一卒的情況下，達到最終目的，要弄敵手於神不知鬼不覺間，就是「不戰而勝」最精湛貼切的演繹。

《孫子兵法．始計篇》說：「夫未戰而廟算勝者，得算多也；未戰而廟算不勝者，得算少也。多算勝，少算不勝，而況於無算乎！」

不管做任何事，事先都要有周密的計劃和盤算，充分估量利弊得失之後，才有可能取得寶貴的勝利。必須根據不同的情勢靈活運用智謀，出其不意、攻其不備，才能以最小的代價獲取最大的利益。

「不戰而勝」是經營公司的最巧妙做法，但要做到這個境界可絕非易事，需要百般磨練才能成功。

一位俄羅斯大富商決定前往中國某個城市考察，尋找商業上的合作夥伴，幾家有實力的公司得知這一消息後，紛紛主動聯繫。

很快就到了俄羅斯富商預計抵達的日子，當地幾家大公司的老闆、經理都決定親自出馬前往機場迎接。

毫無疑問的，誰能搶先接到這位鉅賈，就意味著彼此的買賣有個好開始，也等於成功了一半。

A公司老闆和B公司經理在機場不期而遇。兩家公司平時略有往來，此刻於此地相遇，無須多做解釋，彼此自然都心照不宣，知道對方打著什麼如意算盤，但基於禮節，還是相當客套地寒暄了一番。

飛機降落之後，旅客們魚貫走出大廳，漸漸地旅客越來越稀少，卻仍不見那位富商的影子。此時，兩家公司的老闆、經理停止了客氣的交談，A老闆顯得有些焦急，踮起腳尖不時朝海關方向張望，B經理則正好相反，沉著冷靜，一副成竹在胸的樣子。

轉眼三十分鐘過去，同一班機所有旅客皆已辦妥入境手續並離開，唯獨不見他們久候的那位富商走出。

「怎麼回事？是不是改搭下一班飛機了？可是，應該沒有問題才對啊？」A老闆疑惑不解地自言自語道。

這時，只聽見B經理的手機響起，接通之後，隨即傳來一個興奮的聲音：「經理，約瑟夫先生已接回賓館，全部安排妥當……」

掛上電話，B經理一言不發，對A老闆得意地一笑，便神情愉悅地踏著輕快的腳步，轉身離開機場。

A老闆望著遠去的背影，滿臉困惑，老半天摸不著頭緒，發呆許久，才終於嘆口氣，用力一拍腦袋，醒悟究竟發生了什麼。

原來，B經理早已料到狀況，既然大家都對這門生意感到興趣，必定在機場上演搶人大戰，便事先做好安排，兵分兩路進行。

首先，一路人馬與機場高層人員暗中疏通，得到允許後，直接把轎車開進去，待那位富商一下飛機，就馬上接走。

另一路人馬則由經理帶領，在候機室與其他公司的接待人員碰面、寒暄，演一場幾可亂眞的戲，擺出「正面爭奪」的樣子，成功掩飾眞正企圖，並轉移其他人的注意力。

兵法所謂「以正合，以奇勝，金蟬脫殼；布明陣，隱眞情，暗渡陳倉」，便是這樣的意思。

在這個案例中，B公司經理在不損及自身一兵一卒的情況下，達到最終目的，要弄敵手於神不知鬼不覺間。一場商戰，將「不戰而勝」四個字做了相當精湛貼切的演繹。

商戰筆記

- 與其正面相搏，不如用點小心計，掩飾真正企圖，避免直接衝突，迂迴取勝。
- 「不戰而勝」是最聰明的解決方法，可以幫助企業在面對競爭時，用最少的損失，收到最大效益。

要防止別人算計，先算計別人

要防止別人算計你，必須先學會算計別人，在「煙霧彈」的保護下思考未來方向，取得致勝良機。

商場競爭非常殘酷，激烈程度不亞於眞正的戰爭，正因爲市場無情，面對已有充分準備的競爭對手，不施奇謀就無法取勝。如果能巧施煙幕，製造假象，出其不意，攻其不備，就可能取得致勝良機。

早年美國虎飛自行車公司盡佔「老、大、名、特」四字：創於一九二八年，牌子老；年銷量佔美國同類產品的四十%，金額達二·六四億美元，規模大；居美國四大自行車製造商之首位，知名度高；下屬YLC公司專營裝配和維修，服務據點多達四千處，遍及全美，有經營特色，消費者信賴度很高。

據市場調查，美國已有自行車逾一億輛，但市場需求依然很大，因爲擴張快速且更換率高，成年人廣泛用於健身，逐漸成爲繼球類和跑步之後最受歡迎的運動。虎飛公司憑自身實力，及良好的消費環境，本當安然度日，不料挫折考驗卻接踵而至，危機厄運不請自來。

先是台灣、日本、韓國利用進口關稅降低，大肆促銷，奪下美國自行車市場的半壁江山；繼而英國、法國、德國傾銷零件，又使美國自行車幾乎無國貨可言。外強殺來，首當其衝受打擊的當然是虎飛，此時國內對手又趁勢逼於身後——第二大製造商默里公司以凌厲攻勢使銷量大幅增長；老三Scrwjnn公司則專心致力於獨佔成年人市場，一步步搶下虎飛原有地盤。

面對如此嚴酷的局勢，虎飛公司下了破釜沉舟的決心，斷然使出「巧施煙幕」之計——與英國羅利公司簽訂長期合約，以唯一代理商的身分在美國生產、銷售羅利公司產品，並利用商標使用特權，爲自己的產品打上羅利商標。

爲救燃眉之急，虎飛先藉使用羅利商標，迅速奪回顧客的目光，因爲羅利公司向來給人以「謙謙君子款款騎行在英國林蔭小道，悠然自得」的高雅印象，正是美國成年人所嚮往追求的目標。

借用英國商標重新打入市場後，虎飛進而利用唯一代理之便，一面出售羅利公司產品，一面租用工廠，擴大生產自家產品，以「美國羅利自行車公司」之名堂堂正正步入專賣商店，頃刻之間身價陡增，市場佔有率直線上升。

虎飛公司手段的過人之處，在於利用別人為自己壯大門面，表面上看似為羅利公司營銷，實則打出的招牌「美國羅利自行車公司」不過是「煙幕」，眞正目的在於讓自己的品牌起死回生。

如果虎飛公司只知道為英國羅利公司出苦力，那麼就注定永遠當別人的附庸，失去自己原有的特色。它的聰明，在於懂得趁英國羅利公司鼎盛時期，用這塊招牌罩住自身日趨下降的經營狀況，然後再次發展自己。這樣做，既冠冕堂皇，且神不知鬼不覺，等到眞正目的揭露，對方只能大嘆後悔莫及。

如果沒有「煙霧彈」，虎飛公司就無從隱藏試圖重新崛起的眞實想法，而且將成為英國羅利的競爭對手，勢必再遭重創。但是，一放「煙霧彈」，英國羅利公司就失去了警覺，誤把競爭對手看成了合作夥伴，結果在這場戰役中吃了悶虧，被對手利用。

說到底，虎飛公司的成功，正是運用了「瞞天過海」之計，使自家產品邁向國際化並重新風行全美市場。

透過這個例子，我們可以明白，巧施煙幕是明智之舉，過早地輕易暴露自己則無疑爲愚蠢的想法。

要防止別人算計你，必須先學會算計別人，頂尖的商人必須懂得思考未來方向，在「煙霧彈」的保護下取得致勝良機。

商戰筆記

- 在自身遭遇困頓時，要想辦法借助他人力量，讓自己起死回生。
- 巧施煙幕是明智之舉，過早暴露自己則無疑為愚蠢的做法。

想賺錢，必須大玩煙幕戰

兩位「敵人」原來竟是一對親兄弟，先前施放的「煙霧彈」，目的只不過為了推銷店內次級品和滯銷商品。

在商場上，你爭我鬥、你奪我搶，都是常見的現象，但是下面這場為了促銷產品而進行的精采商戰，「瞞」人本領之高，你肯定會深深佩服。

在美國費城，有兩家同樣專賣廉價貨的商行——紐約商行和美國商行，巧合的是，兩家店面正好門挨著門，比鄰而居。

有道是同行為冤家，兩家店主自然如不共戴天的死敵，彼此之間經常爆發舌戰和價格戰。

一日，紐約商行的櫥窗推出廣告，寫著：「廉價的愛爾蘭亞麻布床單，僅有些微小瑕疵，就算愛荷華州的貝蒂・里巴太太（一個以挑剔聞名的人）都發現不了。絕對低價，每條六・五美元。」

兩小時後，街坊鄰居就看到美國商行進行反擊，只見它的廣告寫道：「里巴太太就算戴上眼鏡也挑不出毛病，我們的床單如同羅密歐配茱麗葉，十全十美，堪稱一流，每條僅售五・九美元。」

除此之外，兩位店主還經常因為一點小事在店外大吵大嚷，有時候甚至拳腳相向，但爭執到最後，總有一方放軟下來，除指責對方太瘋狂、不講理外，不再做其他回應。此時，旁觀的顧客們便會如潮水般湧進得勝的那家商行，瘋狂搶購各種便宜商品。

過了幾年，兩家商店相繼停止營業。接手的新主人在清理房屋時，竟發現令人驚訝的事實——兩個店面間有一條秘密通道，走到商店樓上，兩位前店主的臥室之間還有一扇連接門。

好奇的他經過進一步調查，這才得知兩位「敵人」原來竟是一對親兄弟，先前施放的「煙幕彈」，目的只不過為了推銷店內的次級品和滯銷商品。

這個例子清楚地說明了經商之計在於「巧施煙幕」。

本是兄弟開店，卻故意在廣告上大做文章，讓顧客以爲是冤家對頭搶生意。殊不知一場對台戲原來是唱雙簧，爲了把滯銷商品賣掉，爲了賺更多錢，兩兄弟大玩了一場以假亂眞的「煙幕戰」。

商戰筆記

- 想賺錢，有時必須瞞天過海，只要能搶到生意，放點「煙霧彈」也沒有關係。
- 在商場上，「瞞」人的本領越高，業績必定也越高。

第2計

圍魏救趙

「圍魏救趙」在兵法上，是指面對強敵不應一味硬碰，
最好避其鋒芒，採取迂迴戰術，
後來引申為避實擊虛，以攻為守，以迂為直。

【原文】

共敵不如分敵，敵陽不如敵陰。

【注釋】

共敵、分敵：這裡是指集中的敵人與分散的敵人。

敵陽、敵陰：敵，攻打。陽，這裡是指公開、正面、先發制人。陰，這裡是指隱蔽、側面、後發制人。敵陽不如敵陰，意指正面攻敵，不如從側面攻敵。

【譯文】

與其正面攻打強大而集中的敵人，不如先用計謀分散對方的兵力，然後各個擊破；與其主動出兵攻打敵人，不如迂迴到敵人虛弱的後方，伺機殲滅敵人。

【計名探源】

「圍魏救趙」典故出自《史記．孫子吳起列傳》，記載戰國時期齊國與魏國的桂陵之戰。

西元前三五四年，魏惠王派大將龐涓前去攻打中山國。中山國是魏國北面的小國，臣服於魏國，後來趙國乘機用武力佔領。龐涓認爲中山不過是彈丸之地，距離趙國又很近，不如直接攻打趙國都城邯鄲，既可以解舊恨，又一舉兩得。魏王立即撥五百戰車，以龐涓爲將，直奔趙國圍攻邯鄲。

趙王見形勢危急，求救於齊國，齊威王令田忌爲將、孫臏爲軍師，領兵出發。孫臏與龐涓是師兄弟，對用兵之法諳熟精通。田忌想率兵直奔邯鄲，孫臏制止他說：「解亂絲結繩，不能用拳頭去打；排解爭鬥，不能參與搏擊，平息糾紛要抓住要害，乘虛取勢，雙方因受到制約才能分開。現在魏國精兵傾巢而出，倘若我們直攻魏國，那龐涓必回師解救，這樣一來邯鄲之圍就會化解。我們再於龐涓歸路中途伏擊，其軍必敗。」

田忌依計而行，魏軍果然離開邯鄲，回途中又遭伏擊，與齊軍戰於桂陵。魏軍長途跋涉已經疲憊，遭到伏擊後潰不成軍，龐涓勉強收拾殘部退回大粱。齊師大勝，這便是歷史上有名的「圍魏救趙」。

避實就虛才能找到商機

技術水準低、經濟實力弱的企業，如果硬碰硬地跟實力雄厚的企業直接競爭，十有八九要敗陣。避實就虛，才能出空檔，找到商機！

沒有對手強盛到任何人都打不敗，人總難免有弱點，如果你能避強攻弱、避實就虛，就能很容易地戰勝對手。

若只懂得硬碰硬，不懂得乘虛而入，絕對做不好生意，只怕還沒得到收穫，就把自己累得半死。

千萬不要陷入盲點，走入以下兩條死巷：

- 硬要和競爭對手比高低，不知避實就虛。
- 看不見競爭對手的「軟肋」，因此感到無從下手。

要將公司經營好，一定得動腦筋，分析自己究竟強在什麼地方，弱在什麼地方，而別人又是強在什麼地方，弱在什麼地方。只有這樣，才能確實發展自己的強項，克服原本的弱點，和對手較量。

如果強弱不分，肯定是個糊塗蟲，無法做到「避實就虛」。

什麼是避實就虛呢？

所謂避實，就是某個對手最強大的地方，虛，即爲對方身上最脆弱的地方。避實就虛，就是要避開強大的地方，轉由脆弱處下手，這樣可以避免硬攻，而以巧攻輕鬆獲勝。

這個計謀出自戰國時代孫臏「圍魏救趙」的故事，原文是：「共敵不如分敵，敵陽不如敵陰。」

意思是攻擊力量集中、強大之敵，應當誘使它分散兵力而後各個殲滅，與其正面攻擊敵人，不如迂迴到後方再伺機殲滅。

「圍魏救趙」在兵法上，是指面對強敵不應一味硬碰，最好避其鋒芒，採取迂迴戰術，後來引申爲避實擊虛，以攻爲守，以迂爲直。

此計運用於商戰，就是不直接跟對手進行正面交鋒，而改以其他手段，巧妙地挖對方的「牆角」。

在經濟活動中，競爭對手彼此之間，不管在技術水準、產品品質、信譽與知名度，或者經濟實力方面，都有高低強弱之分。

凡技術水準低、經濟實力弱的企業，如果硬碰硬地跟實力雄厚的企業直接競爭，十有八九要敗陣。

「圍魏救趙」之計的核心，就在於「避實擊虛」。企業經營者運用此計，關鍵在於避開強大的競爭對手，不與之正面交鋒，而改由側面出擊或者繞道進取，捕捉機會，乘虛而入。

這條計謀在實際操作上，可以從兩方面著手：

一、經營方向。

要在充分調查的基礎上，認真分析商品的虛實優劣所在。知道哪些產品市場已經飽和，哪些產品前景正好，哪些現在正滯銷，哪些未來可能暢銷，根據種種情況，預測市場需求趨勢，才可能開拓新商機，鑽空檔、走冷門。

二、市場營銷。

市場之大，總有可乘之隙。聰明的經營者要懂得面對現實，隨時在市場上尋找可供利用的機會。

銷售某種產品時，如果遇到某一地方的市場已經飽和，或出現滯銷，就要轉往其他地方另闢天地。

值得所有公司經營者謹記的一句話，就是：「避實就虛，才能鑽空檔！鑽出空檔，才能找到商機！」

商戰筆記

- 面對實力雄厚的對手，硬碰硬只會造成損傷，避實就虛才是最有效的方法。
- 了解現實情況，發現空檔，就要毫不遲疑地「鑽」出商機。

別忘了在陷阱周圍插上鮮花

陷阱人人會設，但懂得在旁邊裝飾幾朵美麗鮮花，掩飾自己真正目的，藉以增加對獵物的吸引力，才稱得上「高手」。

設好陷阱，別忘了在周圍插滿鮮花，因爲有了鮮花，才能引來欣喜若狂卻忘了防備的採花者。

知名的石油大王洛克菲勒就曾佈下這種陷阱，讓大批原油開採者紛紛中計。

一九七三年十月，中東產油國因爲當地發生戰亂，採取大封鎖政策，因而引發「石油危機」。當時美國大型石油公司在埃克索公司帶頭下，紛紛把每桶原油的價格從三．五美元提高到二十美元。

石油原產地開採者得知消息，馬上蜂擁而上，使原油生產量由原來的日產一萬二千桶躍升為一萬六千桶，結果導致生產過剩，市場行情又開始暴跌。

生產者同盟發現嚴重性之後，立即決定半年內不准開採新油井，如果半年後還不能解決生產過剩問題，就再繼續封鎖。

這項限制石油生產的措施，對「下游工程」——也就是煉油企業，造成了嚴重困難。沒有原油可煉，如何營運？

這時，洛克菲勒卻突然宣佈：高價收購石油，每桶四．七五美元，數量不限，有多少收購多少！

誰也不知道他葫蘆裡賣的究竟是什麼藥，但卻無法不對每桶四．七五美元的高價怦然心動。大批的石油生產者在利益驅使下，聞風而至，爭相賣出石油，早把「自我約束」拋諸腦後。

同時，洛克菲勒也派出大批掮客。他們個個能言善道，嘴甜得像抹了蜂蜜，公事包中還塞滿現金，四處遊說，拚命慫恿：「標準石油公司每天將以現金收購一萬五千桶石油，快簽約吧！」

當然，同盟方面也非毫無知覺，拚命勸阻那些利慾薰心的原產地業者：「標準石油公司是條大蟒蛇，千萬不要上當！」

可是大家對這些警告充耳不聞，因為誘餌實在太迷人了！

這些原產地業主們輕率地簽訂了合約，並為了應付這突如其來的好景，再次開採新油井。

事實上，在簽訂的合約中，標準石油公司並未保證永遠維持四·七五美元的收購價格，可說相當狡猾！

由於石油行情變化不定，根本無法預測市場的價格走向。洛克菲勒當然不會白白做出蠢事，使出這一招的眞正目的，在迅速瓦解生產者同盟的防線。

標準石油公司雖保證每天購進一萬五千桶石油，但在購進二十萬桶之後，突然片面宣佈中止合約，維持兩星期的拋售熱潮遂告結束。

對此，原產地業者紛紛要求提出解釋，標準石油公司答覆：「供過於求的狀況已打破了歷史最高紀錄，這是你們的責任，全是由於不顧後果大量拋售原油造成。現在我們可以出的購買價是每桶二·五美元，至於下星期，如果每桶還高於二美元，我們就不買了！」

原產地業主在洛克菲勒提出每桶四·七五美元的收購價格之時，無不瘋狂擴地探，等到發現背後陰謀，日產量已高達五萬桶，又不能解約，最後只能面對同樣下場——破產。

洛克菲勒佈下的陷阱，又一次成功捕到獵物。

陷阱人人會設，但懂得在旁邊裝飾幾朵美麗鮮花，掩飾自己眞正目的，藉以增加對獵物的吸引力，才稱得上「高手」，才可能得到預期的成功。

商戰筆記

- 想要瓦解對方的同盟關係，必須抛出誘餌加以分化。
- 成功的陷阱旁邊，需要佈置以美麗的鮮花，如此，才能誘使獵物一步步不知不覺地踏入。

與其認輸，不如換個方式

當敵手比自己更強，實力遠勝於自己時，該怎麼辦？千萬不要就此認輸，相反的，應該換個方式，找出對方的弱點，從「軟肋」下手。

人有長短之分，公司也有強弱之別。聰明的老闆絕對會在與敵方較量之前，先知己知彼，看清對手的眞面目，摸準他的弱點，再行下手。

日本有家知名公司，以前全世界每四輛摩托車就有一輛是它製造的，放眼在三足鼎立的日本汽車製造業，該公司也是相當強勁的一方，且行銷漸有獨佔鰲頭之勢。這家公司名叫「本田技研工業公司」，一般人則管它叫「本田王國」，「國王」正是「令人生畏的本田宗一郎」。

其實，數十多年前，本田王國只是個不值一提的小工廠，「國王」則是不起眼的、靠修車起家的小鐵匠。

本田宗一郎，一九〇七年出生於名古屋城北濱松鎮的本田鐵匠鋪，因為在這環境成長，幼時聽到的是打鐵聲，看見的是鐵器，玩具也是父親以鐵皮做成，耳濡目染之下，使他與鐵製機械結下不解之緣。

涉足汽車業遠比製造摩托車更難。本田宗一郎雖在一九六三年便暗中起步，但因列強早稱霸市場，使他難以施展。其後，日本汽車製造業的老大「豐田」、老二「日產」更把本田看得死死，而美國福特汽車雖將主要精力用以對付豐田和日產，但也同樣提防著本田。

現狀如此不利，勤於思索的本田宗一郎記起了創造性思維的對應規律，心想：你們研究「矛」，那我就研究「盾」；你有所長，我就專攻你的短處。

既然豐田以轎車和普通房車為優勢，福特靠大型車稱雄，本田便把價廉、省油、低公害的輕型轎車當作發展目標。

一九七〇年，美國修訂《淨化空氣法案》，規定於一九七五年正式實行嚴格的汽車排廢規定，本田宗一郎得知消息，當即加緊了研究步伐。不久，美國派出監察員抵日本，豐田公司不當一回事，本田卻誠心求教。

一九七二年，耗油低、污染小的CVCC發動機研製成功，恰逢一九七三年世界石油危機降臨，本田汽車立刻成爲搶手貨，一舉奪下豐田、日產原有市場，躍升日本汽車製造業的老三，並瞄準福特的大型轎車，策劃拓展美國市場。

福特的第一反應不是改進產品以適應市場需要，而是要求美國政府限制日本車進口，意在困住本田。本田宗一郎這次學了聰明，直接在俄亥俄州廣設汽車裝配廠，這一招不僅成功抵擋了福特的堵截，更使緊緊追趕的豐田腹背受敵，日本、美國市場都被奪走，面臨莫大威脅。

此後，本田宗一郎繼續在美國建立汽車製造廠，大量生產，使福特轉產的小型節油車「慢了一拍」，失去先機。

本田宗一郎的成功受到美國機械工程學會的注目，頒給「亨利獎章」，成爲世界汽車工程師得到此殊榮的第二人。由於第一個是亨利·福特，美國人因此稱他爲「日本的福特」。

功成名就之後，本田宗一郎主動引退，把總裁位置讓給對本田公司有卓越貢獻的河島喜好，轉任顧問兼董事，全心投入技術開發。

一九八八年，本田公司打破現行汽車引擎的「四衝程」，研發出「六衝程」，不但大大提高了效率，並在英國舉行的比賽中創下每公升汽油行駛二十二．六九公里的世界紀錄。專家們無不預言，豐田汽車公司若再不迎頭趕上，日本第一的桂冠難保不被本田搶走。

當敵手實力遠勝於自己時，該怎麼辦？本田宗一郎告訴我們，千萬不要就此認輸，相反的，應該換個方式，找出對方的弱點，從「軟肋」下手。

商戰筆記

- 沒有公司會強盛到完全無敵，想要和對手競爭，必須找出對方的弱點。
- 只要能找出對方的弱點，就能以巧妙的戰術取勝。

要解燃眉之急，先讓顧客佔便宜

一送一賣之間，顯出該商人推銷滯貨的過人之處。靠著巧妙手法，他不僅沒有遭受倒閉的厄運，反而還大大地賺了一筆。

做生意可不只是買賣那麼簡單，要講節奏，講時機，絕不能只想賺，不想賠，必須懂得少賠就是多賺的道理。

頂尖的商人都知道，如果捨不得花小錢，就絕對賺不到大錢。實際上，以「送」帶「賣」，讓買方因爲自己似乎佔了便宜而高興，正是最聰明的經營技巧。不懂得這一點，很難把生意做好。

以下來看一個實際的例子。

說來奇怪，有一年冬天，美國冰類食品的銷售數字非但沒有如往年下降，反而直線上升，於是人們大量需要冰棒、霜淇淋的說法逐漸傳播開來。

本來就躍躍欲試的冰品商們以爲自己賺大錢的機會來了，無不加緊腳步，大量地生產並囤積冰品。

誰知道，大衆的口味就跟市場趨勢一樣變幻莫測，他們生產出來的冰涼之物，沒能討到消費者的歡心。冰品生產得越多，賣出去的量就越少，進而引發各冰品商資金周轉不順、調度不靈的危機。

其中一位冰品商的經濟狀況，更是逼近山窮水盡的地步，爲了儘快將存貨脫手，鎮日四處奔走遊說推銷，可到頭來仍然無人問津。

某天，在回家的路上，他猛然間看見一張馬戲團的海報，登時靈機一動，直呼促銷商品有希望了！看著這張在別人眼中沒什麼特別意義的海報，成功在望的喜悅油然而生，這名商人簡直按捺不住自己那顆由於興奮激動而怦怦亂跳的心。

找到了！終於找出一條生財妙計！

他立即與馬戲團聯繫，主動在劇場入口處贈送熱炒的豌豆仁，這對所有人都是好消息，觀衆們可以邊看戲邊吃豌豆仁，既飽眼福，又享口福，開心極了！

中場休息時，劇場周圍突然冒出一群賣冰棒、霜淇淋的工讀生。觀衆們剛吃完精心炒熱的鹹豌豆，正感到喉頭乾得直冒火，焦渴難耐，猛然看見冰涼清爽的冰品，簡直有如老鼠跌到米桶裡——求之不得，於是紛紛掏腰包購買。就這樣，一連五天，冰點商藉同樣這手法，將積壓商品全部賣給了進場看馬戲的觀衆。

一送一賣之間，顯出該商人推銷滯貨的過人之處。靠著巧妙手法，他不僅沒有遭受到倒閉的厄運，反而還大大地賺了一筆，這正是「避實就虛」在商業競爭中的一種巧妙應用。

商戰筆記

- 如果捨不得小錢，就絕對賺不到大錢。
- 「半買半相送」，給消費者一點甜頭，可以換來更大的收穫。

換個角度切入，才能達成意圖

頂尖的商人應該善用言語的「威力」。做生意，除了講究資本，更要懂隨機應變，能在權衡得失後迅速下決定。

「勇往直前」雖是大衆普遍稱許的態度，但應用也要看時機，一味向前衝未必好，有時不妨以迂迴曲折的方式逼近自己的目標。

有些事，不能太急，急著往前衝，累壞自己不說，還達不到目的。若是轉一個彎，採取「圍魏救趙」戰術，說不定更能省一點勁，巧妙地完成自己想做的事。

身爲公司的領導者，最忌諱因太想快速賺得利潤，就悶著頭直來直去，不知迂迴曲折的經營妙處。

幾年前，中國廣東玻璃廠與美國歐文斯玻璃公司，就引進新式設備問題進行談判。但在全部引進或部分引進問題上，雙方各執己見，出現歧異。

中方堅持只引進部分生產線的關鍵設備，美方代表卻堅持出售全套生產線，兩邊都不肯讓步，形成僵持。

中方首席代表決定打破僵局，為了緩和氣氛，他改變了話題，笑著說：「歐文斯的技術、設備和工程師都是世界一流，而我們向來只用最好的東西，因為這樣才能夠成為全國第一。互相合作，不僅對我們有利，對你們更有利！」

歐文斯的首席代表是位高級工程師，聽到這話自然感興趣，態度軟化下來。

中方首席代表接著又說：「我們的預算的確很有限，不能買太多東西，國內能生產的就不打算進口了。你們也知道，法國、比利時和日本都在跟中國北方的廠商合作，如果你們不儘快和我們達成協議，不投入最先進的技術、設備，那麼就注定失掉中國市場，別人也會笑你歐文斯公司無能。」

這樣一來，美方不再堅持原來的方案，僵局被打破，兩邊很快達成了協定。

為什麼短短幾句話，可以產生扭轉乾坤的功用呢？

中方首席代表沒有就部分引進還是全部引進問題與對方爭論，而是換個角度切入，先稱讚歐文斯的技術、設備、工程師，再聲明自己資金有限，接著又告知法國、比利時、日本正在與他們競爭。透過一連串「圍魏」措施，無形中施加心理壓力，達到了「救趙」（部分引進）目的。

頂尖的商人應該善用言語的「威力」。做生意，除了講究資本，更要懂隨機應變，能在權衡得失後迅速下決定。

商戰筆記

- 交涉、談判時，別只想「直來直往」，有時換個方式，換個方向，甚至繞遠路，反而可以更快接近原本遙不可及的目標。

第3計

借刀殺人

許多人在創業初期，資金和技術都無優勢可言，

卻懂得巧妙地實施「借腹生子」戰略，

用別人的市場為自己賺錢，因而獲得成功。

【原文】

敵已明，友未定，引友殺敵，不自出力，以《損》推演。

【注釋】

敵已明，友未定：指打擊的敵對目標已經明確，而盟友的態度卻尚未確定。

引友殺敵：引，引誘。引友殺敵，即引誘盟友的力量去消滅敵人。

以《損》推演：根據《損卦》中「損下益上」、「損陽益陰」的卦象推演。

【譯文】

行軍作戰時，若是敵方已經明確，而盟友的態度還未明朗，就要設法誘，使盟友去消滅敵人，不必自己付出代價，這是根據《損》卦推演出來的。

【計名探源】

借刀殺人，是爲了保存自己的實力而巧妙利用矛盾的謀略。當敵方動向已明，就千方百計誘導態度曖昧的友方迅速出兵攻擊敵方，自己的主力可避免遭受損失。

此計是根據《周易》六十四卦中《損》卦推演而得。象曰：「損下益上，其道上行。」此卦認爲，「損」、「益」不可截然分開，二者相輔相成。此計謂借他人之力攻擊我方之敵，我方雖不可避免有小損失，但可穩操勝券，大大得利。

春秋末期，齊簡公派國書爲大將，興兵伐魯。魯國實力不敵齊國，形勢危急。孔子的弟子子貢分析形勢，認爲唯有吳國能與齊國抗衡，可以借吳國兵力挫敗齊國軍隊。於是，子貢前去遊說齊相田常。

田常當時蓄謀篡位，急欲剷除異己。子貢便以「忱在外者攻其弱，憂在內者攻其強」的道理，勸他莫讓異己在攻魯中佔據主動，擴大勢力，而應攻打吳國，借強國之手剷除異己。

田常聽了心動，但齊國已做好攻魯的部署，轉而攻吳，怕師出無名。子貢說：「這事好辦。我馬上去勸說吳國救魯伐齊，這不就有攻吳的理由了嗎？」

田常高興地同意了。

子貢趕到吳國，對吳王夫差說：「如果齊國攻下魯國，勢力強大，必將伐吳。大王不如先下手爲強，聯魯攻齊，吳國不就可抗衡強晉，成就霸業了嗎？」

子貢馬不停蹄，又前去說服趙國派兵隨吳伐齊，解決了吳王的後顧之憂。

子貢遊說三國，達到了預期目的，又想到吳國戰勝齊國之後，定會要脅魯國，魯國不能眞正解危。於是，他又到晉國，向晉定公陳述利害關係：「吳國伐魯成功，必定轉而攻晉，爭霸中原。」勸晉國加緊備戰，以防吳國進犯。

西元前四八四年，吳王夫差親率十萬精兵及三千越兵攻打齊國，魯國立即派兵助戰。齊軍中了吳軍誘敵之計陷於重圍，主帥國書及幾員大將死於亂軍之中。齊國只得請罪求和。夫差大獲全勝之後驕傲狂大，立即移師攻打晉國。晉國早有準備，擊退了吳軍。

子貢充分利用齊、吳、越、晉四國的矛盾，巧妙周旋，借吳國之「刀」擊敗齊國；借晉國之「刀」滅了吳國的威風。魯國損失微小，從危難中得以解脫。

想致富，就要懂得「借腹生子」

許多人在創業初期，資金和技術都無優勢可言，卻懂得巧妙地實施「借腹生子」戰略，用別人的市場為自己賺錢，因而獲得成功。

身爲一個初創業者，一定要熟悉「借腹生子」的經營手法，至於可採用的策略，大致能歸納成以下幾種：

- 「搭會」法

以股票爲例，一般買賣以一千股爲一單位，假設每股一百元，那麼一單位就要十萬元了。十萬元不是小數目，即便景氣大好，也不宜貿然把這麼多錢投下去。於是，有人採用「搭會」方式，找五人合買，每人只出資二萬元，兩個月買一次，十個月共計就有一千股，且共同負擔買股手續費。

首先，每人出資二萬元，由於都是自己辛苦積攢下的錢，所以投資時必定得選擇安全可靠的公司。選好投資對象之後，開始從五人中挑選一人為代表，成為名義人，這時股票還是共同擁有，然後大家依次擔任名義人，十個月之後，每人就有一千股了。

• 借雞下蛋法

用別人的錢來替自己做生意，也是平步青雲的一大法寶。

例如，韓戰結束後，香港富豪霍英東獨具慧眼，認為香港未來可能有很大發展，商業辦公樓將呈供不應求之勢，於是開始向房地產進軍。

經營房地產需要傾注大筆資金，霍英東衡量自己資金不足的短處，於是採用「借雞下蛋」方法來彌補。他預先把要建造的樓房出售，然後用收來的款項建樓。如此不但解決難題，甚至可以加快周轉速度，獲得更豐厚的利潤。

• 社會集資法

支持一個企業需要雄厚資金，而社會各界又多有閒散資金，透過銀行儲蓄、發行企業債券和股票，可以大量籌集。

許多人在創業初期，資金和技術都無優勢可言，卻懂得巧妙地實施「借腹生子」

戰略，用別人現成的技術來生產自己的產品，用別人的產品來豐厚自己，用別人的市場為自己賺錢，因而獲得成功。

香港鴻運電子公司老闆李樹強，就因為懂得巧妙地使用「借腹生子」的戰術，累積了大筆資金。

首先，他瞄準一九七〇年代剛興起的微型電子市場。當時，因為微電子技術的開發，使得各企業不斷推出設計新穎的微型、複合化商品。憑藉在電子發展上的基礎，以產品市場行情為指標，李樹強開始大施「借腹生子」戰略。

李樹強最初搶佔微型計算機陣地，「開發」出不同款式的微型電子計算機。所謂「開發」，其實是自己設計出各種新穎實用的包裝外殼，而真正屬於電子科技成果的電腦機芯，則從日本進口。

由於戰略目的就在搶佔市場，所以別人推出新款式，他見銷路好，必定不放過，不出一個月，就可以模仿生產出同樣產品。由於完全借別人的「創意」，成本低，售價自然就可以壓低，從而獲得勝利。

一九七五年，電子計算機市場飽和，液晶手錶則一片看好。李樹強故技重施，憑著自己豐富的經驗，拉來一批精熟微型積體電路的技術人才，毅然結束正處於頂峰的電子計算機生意，全力投入到正興起的液晶手錶生產行列裡。

同樣憑藉款式新穎、價格便宜的優勢，他又佔領了美國市場。

從一九七二年到一九七七年，李樹強靠「借腹生子」戰術，爲自己累積了豐富的經驗和資本。隨後，他才開始眞正開創自己的事業，推出自己的產品。

以上的例證，讓我們在張口結舌之餘，不禁衷心佩服，借腹生子的戰術，不知造就出多少成功的商人。

商戰筆記

- 未必事事都要親自嘗試。很多時候，「借腹懷胎」是既省時省力又同樣能達到目的的好方法。

白手經營，從培養毅力開始

靈活頭腦、獨到眼光，敢於嘗試的氣魄，以及不輕易放棄的毅力，這些特質都可以在白手起家的成功者身上找到。

要想白手起家，第一步該如何開始？

身兼島村產業及丸芳物產公司董事長的島村芳雄，當初離鄉背井前來東京一家包裝材料店當店員時，年薪不過十八萬日元，還得養活母親和三個弟妹，因此時常囊空如洗。

他回憶說：「下班後，在無錢可花的情況下，我的唯一樂趣，就是在街上散步，欣賞行人的服裝和所提的東西。」

有一天，他在街上漫無目的散步時，注意到無論是花枝招展的小姐，還是徐娘半老的婦人，除了拿著自己的皮包之外，都還提著一個紙袋，這是買東西時商店送給她們裝東西用的。

他自言自語：「嗯！這樣提紙袋的人，最近越來越多了。」轉念一想，頓時有了個創意誕生。

兩天後，他到一家紙袋工廠參觀，果然正如預料，工廠裡外忙碌得不得了。參觀之後，他怦然心動，毅然決定無論如何非將想法付諸實行不可。

「將來紙袋一定會風行全國，做紙袋繩索的生意絕對錯不了。」

身無分文的島村雖然雄心勃勃，但卻無從下手，因爲他身無分文，所需資金該從哪兒得來呢？最後，決定硬著頭皮去各銀行試一試。

一到銀行，他就開始解釋紙袋的發展前景、製作技巧等，但每一家銀行聽了他的打算後，都冷冷淡淡不願理睬，甚至以看待瘋子的態度來對待他。

「我就每天都去走動拜訪，總有一天他們會改變主意的。」如此下定決心，他決定以三井銀行作爲目標，展開一連串攻勢。

皇天不負苦心人，三個月時間過去，到第六十九次，對方終於被他費盡苦心、百折不撓的精神所感動，答應貸給他一百萬日元。朋友和親人知道他獲得銀行貸款一百萬日元，也紛紛應允幫忙，有的出資十萬日元，有的貸款二十萬日元，很快就籌集到了二百萬日元資金。

於是，島村辭去了店員的工作，設立丸芳商會，開始製作紙袋繩索，並且因爲品質好，在激烈競爭中取得了一席之地。

靈活頭腦、獨到眼光，敢於嘗試的氣魄，以及不輕易放棄的毅力，這些特質都可以在白手起家的成功者身上找到。

商戰筆記

- 沒有毅力，就不可能在困境當頭時突破，從而提升自己。
- 發現商機的眼光和不屈不撓的毅力，是白手起家者必需具備的特質。

借人名聲，勝中再取勝

光靠自己的力量打天下，往往事倍功半，若是借助別人的名氣、能量為自己打天下，必定更加容易，不是嗎？

別人有了好名聲，能否借到自己的頭上來呢？乍聽似乎很難，但很有用處。想知道「借人名聲」能帶來什麼好處，不妨看看以下故事。

德國的「愛迪達」（adidas）是世界最大的體育用品公司，所生產的球鞋，對於球類愛好者可謂無人不知，無人不曉。

「愛迪達」走向世界的契機，是一九三六年奧運會。這一年，公司創始人艾迪·達斯勒突發奇想，製作出一雙帶釘子的短跑運動鞋，但怎樣使這款樣式特別的鞋賣個好價錢呢？

爲此，艾迪頗費一番腦筋。這時他恰好聽到一個消息——美國短跑名將歐文斯最有希望奪冠，於是便把釘鞋無償地送給歐文斯試穿。

果然不出所料，歐文斯在當屆奧運會上奪得四面金牌，當新聞媒體、億萬觀衆爭睹名星風采時，那雙造型獨特的運動鞋自然也引起了注目。

奧運會結束後，由艾迪獨家經營的「愛迪達」運動鞋便開始暢銷世界，成爲短跑運動員必備之物。

以後，每逢新產品問世，艾迪總要精心安排試穿的運動員和產品推出時機。

一九五四年，世界盃足球賽在瑞士舉行，年事已高的艾迪推出新商品——可以更換鞋底的足球鞋。決賽那天，體育場一片泥濘，匈牙利隊員在場上踉踉蹌蹌，穿著「愛迪達」的德國隊員卻健步如飛，甚且一路登上世界冠軍寶座。

「愛迪達」新型運動鞋又一次引起轟動，產品幾乎供不應求。

一九七〇年，墨西哥世界盃足球賽開幕，人們驚異地發現德國名將賽勒爾在綠茵場上馳騁如故，可在此之前，他腿部受傷的消息明明已傳揚多時。

原來，是艾迪特意爲他趕製出一雙球鞋，使他得以重返球場。賽勒爾的鞋自然成爲賽場焦點，透過媒體傳遍世界。

「愛迪達」運動鞋與冠軍產生了聯繫，穿上它就意味著成功，其實深入探討後可發現，這種必然聯繫，源自於艾迪多次對成功者的準確預測與選擇。

由此看來，把握產品推出的時機，借名人聲譽打響品牌，已成爲「愛迪達」經營成功的良策。

光靠自己的力量打天下，往往事倍功半，若是借助別人的名氣、能量爲自己打天下，必定更加容易，不是嗎？

商戰筆記

- 如果覺得自身名氣不夠響亮，那就設法去「借」，借名人的聲名打響自己的名號，拉抬自己的聲勢。

遭遇困境，要懂得借刀殺人

匯豐正是「借」中國人民銀行這把「刀」，「殺」了美國銀行團這個「人」，從絕境中反敗為勝。

雖然每個商人都想運用「借腹生子」的戰術，讓自己快速致富，可是如何才能借到自己想借的東西，實爲一場智力的較量。如果能在遭逢危機時「借兵破敵」，又會呈現什麼樣的局面呢？以下，可說是一個「血淋淋」的例證。

一九六〇年代，美國幾家大銀行組成「銀行團」，開始實施一項驚人的秘密計劃——佔領香港金融界，徹底打垮當地華人和英國人的勢力，並以香港爲基地，進而控制東南亞。

計劃一出，美國金融大亨們紛紛以「旅遊」、「渡假」爲名前往香港。他們的到來，使香港股票市場發生了劇烈的買賣風潮，險些將資金雄厚的匯豐銀行置於死地，多虧高層領導者急中生智，及時亮出絕招，才得以轉危爲安，反敗爲勝。

匯豐銀行是一家金融集團，在香港擁有雄厚根基和悠久歷史，實際上扮演著相當於中央銀行的作用。因此，美國銀行集團視它爲「眼中釘」，認爲唯有打垮匯豐銀行，才能穩獲香港金融大權。

但要擊倒匯豐，又談何容易？

美國金融界擬定的進攻策略，在香港之行前夕就早已謀妥。

首先，利用當時股市傳播資訊系統尚不靈活，進場大量收購匯豐銀行股票，一時之間，價碼連翻數倍，不斷暴漲，匯豐銀行爲平抑失控的股價，只得拋售股票，但杯水車薪根本無濟於事。

緊接著，美方又在一兩天內把所有購入的股票向市場低價拋售，並製造各種謠言，說匯豐銀行經營狀況不好，股票如同廢紙……等等。很快的，匯豐股價如退潮般狂跌，前往銀行擠兌現款的人潮開始湧現，形勢十分不利。

情況相當明顯，如果不收盡堆積如山的股票，任其繼續下跌，匯豐的信譽便會一落千丈，甚至有關門垮台的可能。

誰知形勢竟比預料的還要糟，就在匯豐銀行籌集資金大量吃進股票時，分佈在全港的分支機構也頻頻告急，許多不明眞相的儲戶紛紛湧入提款，如不立刻關門停業，存款就有被提空的危險。

一份份寫有「絕對機密」的電文飛向匯豐銀行總部，使決策者陷入了有史以來最大的危機之中。

面對美國銀行團的挑戰，匯豐銀行開始進行反擊。首先刊登廣告安撫民心，強調匯豐銀行久盛不衰的根本在於對每一位儲戶負責，然後馬不停蹄地四處貸款。但是一切努力都未能奏效，借款的工作人員四處碰壁，因為誰也不肯把錢借給看來即將破產的倒楣鬼。

匯豐銀行既無力收購股票，也無力支付擠兌，眼看只能面對失敗的結局。戰場無情，不是你死就是我活，商戰也是如此，等同生與死的較量。

在生死存亡的嚴峻考驗面前，走投無路的情況下，匯豐銀行猛然找到一劑起死回生的靈丹妙藥，那就是向中國大陸金融機構求援。

事實證明，這個決定十分正確，而且有著重要的戰略意義。大陸駐港人員接到請求後，以最快速度把香港發生的一切上報，中國人民銀行也立即做出決定，支援匯豐銀行，並指示駐港機構以最快的速度辦理貸款過帳業務。

與此同時，香港新聞媒體也以大篇幅刊登報導：「中國人民銀行與匯豐銀行聯手共進」、「匯豐銀行信心來自大陸」……等等。

香港的股民和儲蓄客戶知道匯豐銀行有大陸金融機構撐腰，就意味著資本不會枯竭，信用毫無疑慮，形勢終於出現轉機，匯豐股票價格終於上升。

美港金融大戰，半路殺出個程咬金，形勢由對匯豐不利轉爲有利，來港的美國人只能扼腕興嘆，沒想到聰明反被聰明誤，竟搬石頭砸了自己的腳。

由於大陸金融機構加盟，戰局已經明朗，美國銀行團被迫與匯豐銀行進行談判。美方高價買進股票，低價拋出，損失了很多，並且爲彌補匯豐銀行損失，還不得不將旗下一間航空公司拱手相讓。

匯豐銀行爲確保香港金融的穩定發展，同意美方將一部分資產保留，但需立下承諾，今後不再發生類似事件。

事後，美方一位金融界人士形容：「匯豐銀行邀請大陸金融機構參戰，這一招太絕也太狠，差一點使我們全軍覆沒。」

這一仗，匯豐正是「借」中國人民銀行這把「刀」，「殺」了美國銀行團這個「人」，從絕境中反敗為勝。

只要夠聰明，「借」來的兵，也可以替自己打勝仗。

商戰筆記

- 情勢不利、自身能力也不足時，千萬不要束手就擒、坐以待斃。要知道，「借」來的兵，同樣能替自己打勝仗。

借刀殺人，坐收漁翁利

李老闆嫺熟操作，淨賺數千萬，非但不張揚，逢人甚且擺出一臉苦相，訴說自己如何被套牢，又是多麼悔不當初。

借刀殺人，聽起來讓人毛骨悚然，但實際上卻象徵了巧妙智慧的發揮。在適當時機使出一手「借刀殺人」之計，往往能使你立於不敗，炒股也是如此。

股市上一般有多種股票，績優股是人們最願意投資的，因爲公司的經濟效益穩步上升，盈餘成長必會使投資人穩賺不賠。就一般情況來說，業績若不突出，前景不樂觀，這種公司發行的股票便不會受歡迎。

但凡事都難免有例外，綜觀國內外股票交易史，以冷股熱炒而大發橫財的，其實大有人在。

這是一九八五年台灣股市發生的案例。

當時，泰豐公司所發行的股票一直徘徊在十六元上下，情況持續一段時間後，吸引了一個有心人。

此人姓李，是個炒股老手。在派遣心腹調查泰豐公司的實際經營情況後，瞭解到該公司雖有種種弊端，但土地資產可觀，總體來說仍然看好。經過審慎考慮，李老闆決定大肆炒作，而且要炒得驚人，當即訂下一條「借刀殺人」之計，吩咐手下攜帶大量資金，悄悄地在股市上收購該公司股票。

不出幾天，大多數股票便進入李氏的腰包，股價很快扶搖直上，從十八元、十九元、二十六元一路往上漲。由於該股漲幅過高，與公司實際業績不成比率，自然吸引不少融資進入。

所謂火借風勢，風助火威，有了廣大投資人的推波助瀾，泰豐股票終於突破各方壓力，一口氣升至五十四元。

但卻沒有人發現，趁著情勢大好，所有投資人都一頭熱之際，李老闆已悄悄將手中所有股票脫手。

由於搭車得利者畢竟少數，而且情況反常，於是引起證券交易所介入調查，股價馬上翻黑，一口氣連跌了十四個停板。正所謂爬得高必然摔得慘，不知內情的跟進者被這一升一跌殺得遍體鱗傷，不少有實力的大老闆也因爲套牢虧損數億元，而更多散戶則是老本蝕盡，背上巨額債務。

李老闆嫻熟操作，淨賺數千萬，非但不張揚，逢人甚且擺出一臉苦相，訴說自己如何被套牢，又是多麼悔不當初。

至此，一計「借刀殺人」就這樣漂亮地寫下了收場。

商戰筆記

- 借刀殺人是巧妙的智慧發揮，神不知、鬼不覺，這正是「借刀殺人」的最高境界。

第4計

以逸待勞

以逸待勞法運用於現代商戰，
經營者應設法牽動、擾亂競爭對手，
使其疲勞，從而養精蓄銳，保存實力，
待機而動，後發制人。

【原文】

困敵之勢，不以戰；損剛益柔。

【注釋】

勢：情勢、趨勢。這裡主要是指的軍事態勢。

損剛益柔：語出《易經．損卦》：「……損剛益柔有時……」

「剛」、「柔」是兩個相對的現象，在一定的條件下，相對的兩方可以相互轉化。「損」卦爲異卦相疊，上卦爲艮，艮爲山，下卦爲兌，兌爲澤。上山下澤，是爲大澤浸蝕山根之象，亦即有水浸潤著山，抑損著山，故卦名叫損。「損剛益柔」是根據此卦象講述「剛柔相推，而主變化」的普遍道理和法則。

【譯文】

要使敵人處於困難的境地，不一定要直接出兵攻打，可以採取「損剛益柔」的辦法，逐漸消耗敵人的有生力量，令敵由盛轉衰，由強變弱。

【計名探源】

以逸待勞，計名出自《孫子兵法．軍爭篇》：「故三軍可奪氣，將軍可奪心。是故朝氣銳，晝氣惰，暮氣歸。故善用兵者，避其銳氣，擊其惰歸，此治氣者也。以治待亂，以靜待譁，此治心者也。以近待遠，以佚（同逸）待勞，以飽待饑，此治力者也。」

《孫子．虛實篇》也說：「凡先處戰地而待敵者佚（同逸），後處戰地而趨戰者勞。故善戰者，致人而不致於人。」

原意是說，凡是先到達戰場而等待敵人的，就從容、主動，後到達戰場的只能倉促應戰，一定會疲憊，陷於被動。因此，善於指揮打仗的將領，總是調動敵人，而不會被敵人調動。

戰國末期，秦國將軍李信率二十萬軍隊攻打楚國。開始時，秦軍連克數城，銳不可擋。不久，李信中了楚將項燕的埋伏，丟盔棄甲，狼狽而逃，秦軍損失慘重。

沒辦法，秦王政只好又起用已告老還鄉的王翦。王翦率六十萬軍隊，陳兵於楚國邊境，楚軍立即發重兵抗敵。王翦毫無進攻之意，只是專心修築城池，擺出一副堅壁固守的姿態。

兩軍對壘，楚軍急於擊退秦軍，但相持年餘毫無進展。相對的，王翦在軍中鼓勵將士養精蓄銳，休養生息。秦軍將士人人身強力壯，精力充沛，加上平時勤於操練，技藝精進。

一年後，楚軍繃緊的神經早已鬆懈，將士已無鬥志，認爲秦軍的確防守自保，決定東撤。王翦見時機成熟，下令追擊正在撤退的楚軍。秦軍將士宛如猛虎下山，殺得楚軍潰不成軍。

此計強調的重點是讓敵方處於困難局面，不一定只用進攻之法。關鍵在於掌握主動權，以靜制動，積極調動敵人，創造戰機，不讓敵人調動自己，而要牽著敵人的鼻子走。以逸待勞中的「待」字，並不是消極、被動地等待，而是養精蓄銳，待敵方疲憊、混亂之時，乘機出擊取勝。

以逸待勞，耐心等待最佳的時機

以逸待勞法運用於現代商戰，經營者應設法牽動、擾亂競爭對手，使其疲勞，從而養精蓄銳，保存實力，待機而動，後發制人。

有很多人天天吃苦，埋頭賺小錢，卻不知道這並非商道的精髓，更不知道做生意的巧妙在於以逸待勞，於時機不成熟時隱忍，耐心等待最好的出擊契機，以求達到事半功倍效果。

若能不費多少力氣便賺進大錢，豈不是一件好事？

千萬要避免養成的錯誤觀念有：

- 只知道出死力氣，不知道可以使巧勁以逸待勞，鎮日把自己累得氣喘吁吁，卻又效果不彰。

• 不明白做生意需要的是智力和實力，而非沒頭沒腦的苦力。

許多公司老闆每天忙得團團轉，不知道休息，恨不得一天賺夠一輩子的錢，那眞有可能嗎？事實上，這樣只會使自己疲於奔命。

經營策略中，有一條名爲「以逸待勞」，正是這些經營者必須參酌的。

兵家之法《三十六計》曰：「困敵之勢，不以戰，損剛益柔。」意思是圍困敵軍的進攻態勢，無須實戰攻擊，待敵方精疲力盡、聲威銳減，攻防雙方的態勢發生逆轉，我方便可以化被動爲主動。

要迫使對方處於困難境地，未必非得採取直接進攻手段，可以根據剛柔相互轉化的原理，實行積極防禦，逐步消耗、疲憊對手，使由強變弱，我方則因準備充分而可主動出擊。

此計之延伸，還可用「以靜制動」、「以柔克剛」、「以近待遠」、「以不變應萬變，化被動爲主動」、「靜如處子，動若脫兔」、「不鳴則已，一鳴驚人，不飛則已，一飛沖天」來形容或說明，也和《孫子兵法》中「善守者藏於九地之下，善攻者動於九天之上」有異曲同工之妙。

將以逸待勞法運用於現代商戰，公司經營者應設法牽動、擾亂競爭對手，使其疲勞，從而養精蓄銳，保存實力，待機而動，後發制人。

這些道理可能令人覺得很玄，實則不然，許多高明的商人都曾運用這樣的心機奪取絕佳的商機。

若能掌握其中巧妙，必定終生受用無窮。

商戰筆記

- 「以逸待勞」不是一種消極態度，而是待機而動、後發制人，巧妙地儲存自身的實力，然後於最佳時機出擊。

使用各種方法，把對手拖垮

別人被拖垮，就代表你即將成功。只要在合法的範圍內，沒有什麼不可以，因為商戰無情，對敵手寬容，就是對自己殘忍。

拖延時間，把對手弄得精疲力盡，最終被迫不得不答應己方開出的條件，是一條可以採行的商戰妙計。

一位美國商人前往日本，參加爲期十四天的談判，他懷著美國人特有的自信樂觀，心想自己一定能大獲全勝。

飛機著陸後，他受到相當熱情的接待，日本人誠懇地表達了歡迎，隨後請他坐上豪華舒適的轎車。顯然，自己被看作一位非常重要的人物，使美國商人禁不住暗自得意起來。

他被安排住進一家高級飯店，日本人客氣地說：「這段期間，一切花費由我們來支付，請盡情享受。」隨後又問：「您來過日本嗎？」

「不，我是第一次來。」

「那您一定要在這裡多待幾天，看看日本的名勝和文化。我們會安排好接下來的行程。」日本代表又問：「您是不是一定要準時回國？我們可以辦好機票和所有手續，並且準時將您送到機場。」

美國人深深感覺這將會是一次非常愉快的旅行。

接下來幾天，日本人周到地安排美國公司代表的行程，絕口不提其他事，彷彿談判及簽約都輕而易舉，不用多慮。

第十二天，談判才開始，但未及多久，還未進入正題，日方便表示因爲安排了專門活動，必須提前結束。

第十三天，日本人設宴盛情款待美方代表，因而又提前結束談判。

最後一天早上，實質性談判才眞正展開，可是到了關鍵時刻，美國人竟被告知飛機起飛的時間快到了，送他去機場的轎車也已準備好，剩下的問題只能在車上繼續談。

這下子，美國人再也沒有時間集中精力去討價還價，只好無奈地在日本人早已擬好的合約上簽字，而日方則在談笑中取勝疲憊之軍，洋洋得意。

想擊敗對手，就要盡情施展各種手段，別人被拖垮，就代表你即將成功。只要在合法的範圍之內，沒有什麼招數不可以施展的，因爲商戰無情，對敵手寬容，就是對自己殘忍。

商戰筆記

- 掌握時間的節奏，就等於掌握勝利的樞紐。
- 別人失敗，你才會提高成功的機率。商戰是智力與計謀的博弈，目的在於取得財富和勝利。

後發制人，徹底打敗敵人

如果能不怕別人比自己強，而時時設法後發制人，那麼就可以扭轉任何一種不利形勢，於劣勢中打敗敵手。

別人比自己先發展其實並不可怕，也不用太過擔心，因為勝負關鍵決定於自己能否後發制人，做到後來居上。

被稱為日本企業界「一代宗師」、「經營之神」的松下幸之助，在講述自己的經營之道時，曾特別向員工強調說明：「經營事業首先必須考慮的，就是如何獲得並培養人才。如果別人問你：『你的公司在製造什麼？』你要回答：『松下電器在製造人才。』因為我們雖然製造電器產品，但是在這以前，必定得先培養人才。」

松下電器不愧爲「培養人」的企業，堪稱諳熟「以逸待勞，後發制人」營銷術的高手。該公司一直把提高產品品質和降低價格作爲工作重點，從來不盲目跟隨潮流，也不熱衷於花氣力去推出新產品，而是著眼於改進「最新技術」，並在延伸功能上努力。

至於新力公司卻恰恰相反，成立之初，就在宗旨上寫著：「公司絕不抄襲仿造，而專營他人甚至以後都不易做成的商品。」

該公司創始人之一盛田昭夫，在《新力經營絕招》一書中，也將不斷開發新產品視爲戰術之一，且進行詳細介紹。

幾十年來，新力在新技術的開發上確實不惜資本，常常投入大量的人力、物力、財力，不斷推出新產品，期望以開拓者的姿態搶佔家電市場，可是事與願違，時常在競爭中敗給松下。

新力公司同樣堪稱人才濟濟、財力雄厚，而且又有個敢於對美國說「不」、頗具魄力的總裁盛田昭夫，爲何仍多次敗給松下呢？

一九六九年，新力公司首先成功研製家用小型錄影機，一時成爲熱門貨。松下公司見狀並沒有急於跟進，而是對複雜的競爭局面冷靜思考，進行深入地市場調查，積蓄力量，伺機而動。

一九七五年，新力公司所生產的錄影機，錄影時間約達兩個小時，松下欲使自己的產品在美國站得住腳，唯有於新力已建立的基礎上背水一戰，以節省研究時間，儘快上陣。

只見松下總經理一拍胸脯，神情自若地對美國客戶說：「沒問題！松下能夠提供錄影時間長達四小時的產品。」雙方當即簽訂了合約。

這哪裡是商談？簡直是賭博，而且是風險極大的賭博！因爲在此之前，松下根本還沒有生產過錄影時間達兩個小時的機器。

商場講究的是信譽，況且雙方又有白紙黑字爲證。松下公司立刻從總部、實驗室和分公司廣招賢才，尋求幫助，把各部門的技術骨幹動員過來。經過一段時間協同作戰，終於攻克難關，研製出能連續錄製四至六小時的錄影機，奇蹟般在規定時間以前交了貨。

該機一上市，就以低廉價格（比新力產品低十五％）及廣泛用途（錄影時間是新力產品的二、三倍），博得廣大消費者青睞，打得新力一敗塗地。

在別人已經發展好的基礎上進一步提高自己，是聰明的抉擇，反之則不明智。如果能不怕別人比自己強，而時時設法後發制人，那麼就可以扭轉任何一種不利形勢，於劣勢中打敗敵手。

商戰筆記

- 把別人的成果加以改良、延伸，是「後來居上」最高明的地方。
- 有後發制人的信心和企圖心，自然就不用擔心長久居於劣勢。

學會及時利用上門的機會

不能坐等機會，守株待免得到的結果註定只有失敗。當機會來臨，別怕表現出自己的「貪心」，這是創業者必須牢記的法則。

對於一個創業者來說，機會實在太重要了，所以一旦碰上，絕對要當斷則斷，毫不猶豫地把握住。否則，以後必定會因爲失去良機而痛心不已。

因此，經商之要，在於懂得「抓機會」。

一位在日本大阪擁有幾棟公寓、幾家中式餐館和酒店等產業的華商，就是一個因爲「懂得把握機會」而崛起的典型。

二次世界大戰結束後不久的某天，一位朋友介紹這名華商購買一塊土地，並竭力、再三地向他保證，買了絕對不會後悔，以後必定有利可圖。

他雖然非常信任這位朋友，彼此之間也有多年交情，但並沒有因此輕率地聽信一面之詞。他腦中浮現的第一個想法不是立刻去買地，而是想要實地看一看。

於是，他天天前去觀察，往往在那塊地上一站就是好幾個鐘頭。別人看他老是呆立在那兒東張西望，都感到丈二金剛摸不著頭腦，覺得既辛苦又無聊。但他卻全然不覺得，因爲腦子裡無時無刻都在思考著問題。

這塊地可建什麼類型、面積多大的建築？每天的人潮往來高峰將從幾點開始？會朝哪個方向流動？多數屬於藍領階級還是白領階級？

投資這塊地大約得花多少錢？約要幾年時間才可以將費用收回？現在的財力夠不夠應付？需要向銀行借多少錢？是該單獨投資，還是與人聯手呢？

考慮一個多月以後，他終於得出結論——值得投資，因爲這塊土地有很大的發展前途，適合興建公寓。

於是，他果斷地採取了行動，二話不說，將不動產完全抵押，從銀行提出全部積蓄並申請貸款，以一人之力傾囊買下土地。

那時他所秉持的想法，就是先買下來，其餘以後再說。

有人問他，何苦自己一個人費那麼大的力氣，辛辛苦苦觀察思索一個多月？最後得出的結論還不是跟朋友最初的建議一樣，眞是浪費時間跟心力。

那位朋友也頗有怨言，抱怨他根本不信任自己。

面對所有的挖苦、質疑，他只淡淡地一笑以對，因爲自有堅持的道理。買地建樓是一筆很大的投資，若是經營不善，賠本倒貼，負債累累，恐怕將就此破產，無法東山再起。因此，怎能僅聽信別人的一面之詞？即便對方是跟自己非常熟悉、非常眞誠的朋友。

轉眼四十多年過去，今日再回想當年那一個多月辛辛苦苦的實地考察，這位商人仍舊只是淡淡地一笑：「那樣做我才放心。」

看著矗立的高樓大廈，與其羨慕他現在擁有的財產，其實更該佩服他當年所展現的深思、勇氣與魄力。

充滿膽識的創業精神與鷹隼般銳利的眼光是被生活磨練出來的，是所有經驗昇華的結果，雖得力於先天，但成熟於後天。

越是艱難的生活，越是海闊天空任馳騁的環境，越能磨練人、造就人，讓人發揮本身自有的才幹。

要想得到機會，首先必須正確地「認識機會」。機會絕非憑空產生，而是事物發展到一定階段後才可能出現的一種現象。所以，想成爲頂尖商人，就不能坐等，守株待兔得到的結果註定只有失敗。

當機會來臨，別怕表現出自己的「野心」，這是創業者必須牢記的法則。

商戰筆記

- 正確地認識機會，然後在機會上門時，表現出自己的「野心」，毫不猶豫地將它留下，這是每一個成功創業者都必須具備的精神與態度。
- 商場競爭激烈、對手眾多，「守株待兔」的消極態度絕對不可能得到成功，只會導致失敗。

化遠為近就是最巧妙的經營

化遠為近、以逸待勞的經營策略，能夠協助企業以較快速度打入新市場，很值得研究、效法。

你聽過日本「八百半集團」與它經營的商店嗎？

雖然因為擴張太快、使經營管理出現漏洞，最後宣佈破產，結束了曾經輝煌的事業。但深入探討，該集團早期發展過程，領導者和田一夫確實具備值得效法的經管手法和理念。

和田一夫的事業，從一家小蔬果店開始。

最初他只在自己的勢力範圍內全力經營，店面大多集中在靜岡和神奈川兩縣內，而且即便擴張到了神奈川縣，也絕不涉足小田原以東，更不試圖進佔橫濱、川崎等大城市。

通常零售業的經營者，在業績逐步成長之後，都會期望儘快打入東京、大阪等大都會市場，但和田卻不這樣做，爲什麼呢？

因爲，他十分清楚自己尙不足以和財力雄厚的企業競爭，如果貿然遠征，弱小軍團必定很快遭到殲滅。

所以，在發展階段，和田只致力在自己的領域內贏得顧客信賴，努力施行以地方性服務取勝的策略。也就是讓店鋪儘量靠近批發中心，以確保食品新鮮度，充分發揮地方性連鎖店的特色。

就商戰策略而言，和田一夫採取以地方性服務取勝的經營方式，實際上正是「以逸待勞」謀略的一種應用。

即便日後到海外開店，他也依然採取同樣謀略。比如在巴西展店前，先取得永久居留權，消除與當地人的隔閡，並且雇用當地人或已歸化巴西的日本人，所以在巴西，八百半商店服務的店員都不是遠征軍。

和田一夫這種化遠爲近、以逸待勞的經營策略，能夠協助企業以較快速度打入新市場，很值得效法。

商戰筆記

- 想辦法拉近和在地人的距離，是做生意不可忽視的經營環節。
- 實力尚不足以和實力雄厚的大企業競爭時，弱小的軍團要穩紮穩打，如果貿然遠征，必定很快殲滅。

第5計

趁火打劫

機不可失，時不再來，

所以身為經營者想趁火打劫，要看準「火」源，

分析「火」勢，抓住戰機，方能事事搶先一步。

【原文】

敵之害大，就勢取利，剛決柔也。

【注釋】

敵之害大：害，這裡是指遇到嚴重災難，處於困難、危險的境地。

剛決柔也：決，衝開、去掉，這裡引伸爲擯棄、戰勝。王夫之在《周易內傳》說：「夫之爲言決也，絕而擯之於外，如決水者不停貯之。決而任其所往。」全句意思爲：乘著剛強的優勢，堅決果斷地戰勝柔弱的敵人。

【譯文】

敵方出現危難，面臨麻煩時，我方就要乘機進攻奪取勝利。這是強大者利用本身優勢抓住戰機，制服弱敵的策略。

【計名探源】

趁火打劫是常見的襲擊策略，原意是：趁對方家裡失火，一片混亂而無暇自顧的時候，去搶奪財物。

趁人之危大撈一把，在現實生活中是不道德的行爲，但在軍事上卻屢見不鮮，正如《孫子兵法》強調的，「敵害在內，則動其地；敵害在外，則動其民；內外交害，則動齊國。」

《孫子兵法．始計篇》也說：「亂而取之。」

唐朝詩人杜牧在解釋此句時說，「敵有昏亂，可以乘而取之」，講的就是趁火打劫道理。

春秋末期，吳國和越國交戰，戰事頻繁。經過長期戰爭，越國不敵吳國，只得俯首稱臣，越王勾踐被扣押在吳國。

勾踐立志復國，臥薪嚐膽，表面上對吳王夫差百般逢迎，終於騙得夫差信任，被放回越國。回國之後，勾踐年年派范蠡進獻美女、財寶，以麻痹夫差，而在國內則採取了一系列富國強兵的措施。

幾年後越國實力大大加強，人丁興旺，物資豐足，人心穩定。

吳王夫差卻被勝利衝昏了頭腦，被勾踐的假相迷惑，不把越國放在眼裡，驕橫兇殘，拒絕納諫，殺了一代名將忠臣伍子胥，重用奸臣，堵塞言路，生活淫靡奢侈，大興土木，搞得民窮財盡。

西元前四七三年，吳國顆粒不收，民怨沸騰。越王勾踐選中吳王夫差北上和中原諸侯在黃池會盟的時機，大舉進兵吳國。吳國國內空虛，無力還擊，很快就被越國擊破滅亡。

勾踐的勝利，正是乘敵之危、就勢取勝的典型戰例。

抓住機會趁火打劫

機不可失，時不再來，所以身為經營者想趁火打劫，要看準「火」源，分析「火」勢，抓住戰機，方能事事搶先一步。

既然在商場上打滾，那麼商場上自然人人都是競爭對手。哪怕他們只是出一點小麻煩，都應該抓住機會趁勢而動，一方面再給予對手致命一擊，另一方面趕緊搶奪利潤。

機不可失，時不再來，所以乘機而動，往往能不戰而勝。

就商場競逐而言，並不是每個公司都能一路順利發展，總可能因爲各種原因遇上危機。儘管這是商人不樂見的結果，但既然踏入這領域，便可能成功，也可能失敗；可能吞併別人，也可能被別人吞併，這就是市場競爭的結果。

因此，你應該根據對手的不同情況和處境，做一些有利益於自己的事，這就叫乘機而動，就勢取利。

就勢取利是什麼意思？就是當敵方遇到困難、危機，就趕緊出兵去奪取勝利，一舉打敗處於困境之敵，發揮「趁火打劫」的眞義。

「趁火打劫」是軍事上選擇戰機的慣用謀略，古人說「敵有昏亂，可以乘而取之」，講的正是同樣意思。

在商戰謀略中，「趁火打劫」之計可引申爲——當競爭對手遇上困難和危機，或者市場發生變化，便趁機出擊，憑藉優勢戰勝對方，奪取市場，以削弱敵對勢力，發展自己。

一旦某個企業瀕臨破產，往往可以看見其他財團、企業蜂擁而至，不是伸出援手，而是以各種手段千方百計地搶奪有用設備和技術人員，將「趁火打劫」四字發揮到淋漓盡致。

企業經營者若有心運用此計，應掌握關鍵兩點：

一、要善於尋找「火」源。

商場和戰場沒兩樣，競爭激烈，形勢錯綜複雜。經營者要廣泛瞭解市場訊息，準確掌握競爭對手的產品特性與優劣、銷售行情。瞄準「火」源，抓住對方弱點和消費市場的新需求，才能大力開展自己。

二、要抓住機會「打劫」。

商場情勢變化萬千，往往一眨眼之間，許多原有的優越條件便喪失，但同時又產生新的發展機會。所以，身爲經營者想趁火打劫，就要看準「火」源，分析「火」勢，抓住戰機，方能事事搶先一步，奠定勝基。

商戰筆記

- 想趁火打劫，就要時時注意局勢變化，保持頭腦靈活，隨時根據情況調整自己。
- 遇到機會，要馬上採取行動，憑藉優勢就勢取利。

巧設「迷魂陣」，讓對手蝕盡老本

雄厚的本錢是優勢，卻不是決定勝負的最主要因素。最後誰會成功，就得看誰的計謀更深更高。

爲了因應詭譎莫測的局勢，提防難辨敵友的身邊人，頂尖的商人最好能訓練自己擺設「迷魂陣」的能力。

日本人石井新智在創業之初，從父親手中暫借一百萬日元，經過精心規劃，全部用於購進阪田製鐵所的股票。

可沒過多久，他察覺到該企業由於幾大股東內訌嚴重，岌岌可危，爲了挽救情勢，也爲了保護自己的利益，決心參與阪田製鐵所的經營。

石井新智明白，要拿到參與經營的資格，必須以該企業二十五％股權做後盾。但這筆鉅款從何而來？

在一籌莫展，百般無奈之下，他只好硬著頭皮去向經營花卉公司多年、財力十分雄厚的外婆求援。

外婆非常讚賞石井新智的「狂妄」與「不知足」，慷慨大方地拿出自己全部積蓄，全力支援外孫實現「掌握經營權，清除壞蛀蟲」的宏圖大願。

就在此時，恰好美國政府公佈「保護美元法案」，大肆動用聯邦儲備銀行的黃金來穩定美元外匯比價，此舉立刻引發世界性的股市下跌，日本證券交易市場自然不能例外。

這爲石井新智創造了施展拳腳的最佳環境，他抓住機遇，傾巢出動，卻又巧妙地隱蔽自己，分別開設好幾個戶頭，委託他人代爲收購阪田製鐵所股票，爲自己躋身企業董事會創造了十分有利的條件。

正當石井新智躊躇滿志之時，不料殺出程咬金，一個叫木村的人決意和他搶奪生意，決一雌雄。

木村善於趁股市暴跌之際，利用小股短期投資散戶「緊追大戶以沾光庇蔭」的僥倖心理，施展自己那「拋出一批股票，降一次股價，買進一次股票，再降價拋出一批」的循環炒股伎倆，誘使愛佔小便宜的投資者心甘情願地走進他早已佈好的「迷魂陣」，從而破壞石井新智大筆收購阪田製鐵所股票，插手董事會運作的夢想。

面對嚴峻形勢，石井新智卻能沉住氣，在外婆指點下，看破木村的花招，決定見招拆招，等待良機反攻爲守。

當木村把阪田製鐵所的股價壓到最低時，蓄勢待發的石井新智立刻一躍而出，傾力而動，撒下天羅地網，將被拋出的股票悉數收入自己囊中。

木村做夢也想不到自己導演的騙局竟一夜之間被揭穿，不惜血本每股壓低四百日元拋出的一千多萬張股票，僅僅引出一向熱衷於跟風的散戶拋出的幾千張，根本入不敷出。

「偷雞不成蝕把米」，木村狗急跳牆，只好傾囊再拋出五千萬股，想以此脅迫對方繳械投降。

豈知石井新智越戰越勇，咬牙將木村拋出的股票全部吞下。

就這樣，木村自投羅網，一蹶不振，最後血本無歸，石井新智卻以柔克剛，本利皆贏，順利入主阪田製鐵所。

從這個案例我們可以知道，擁有雄厚的本錢是一種優勢，卻不是決定勝負的最主要因素。

在瞬息萬變的商場，究竟誰會成功？

事實上，心機決定商機，就看誰的計謀更高更深。

商戰筆記

- 商戰講究謀略，不僅鬥力，而且要鬥智。
- 兵不厭詐，誰的心機深、計謀高，誰得到的成就便更高。

亂中取勝正是做大的方式

兼併不僅表現在大企業將小企業兼併，甚至可能有一些經濟效益顯著、產品市場佔有率高的小企業，會趁著大企業混亂時吞掉它們。

一個「亂」字，說明市場競爭之激烈，一個「勝」字，則又說明總有人能在亂中贏得利潤，並且提振公司更上一層樓。

企業內部常常出現混亂現象，一方面是由於經營管理不善，另一方面則可能因為外部環境變化或遭遇競爭對手挑戰。

面對處於混亂窘境之中的同行，在法律允許的範圍內，企業經營者完全可以量力而行，兼而併之。

市場的兼併行動不僅表現在大企業將小企業兼併，甚至可能有一些經濟效益顯著、產品市場佔有率高的小企業，會趁著大企業混亂時呑掉它們。

當初，杭州娃哈哈營養食品廠就是透過以小吃大的兼併模式壯大自己。該廠原本是以生產「娃哈哈」系列產品著名的百人企業，年產值高達一億人民幣，利潤有二千二百萬之多，產品供不應求，急需擴大規模。

爲此，廠方曾想徵地建廠房，但又怕動用資金太大，未來翻不了身，白白錯過了產品銷售的黃金時機。

最後，他們決定兼併杭州罐頭廠，因爲該廠雖有員工一千五百人，但是經營機制不良，管理不善，處境十分艱難，產品大量囤積，三年虧損累計達一千七百多萬人民幣，已近奄奄一息。

合併後，改名爲杭州娃哈哈食品集團公司，同時大膽進行三方面改革：

一是調整產品結構，停止所有虧損罐頭產品的生產，全力專攻優勢產品「娃哈哈」營養液。

二是改革內部盈餘分配制度，打破一視同仁，完全實行按表現計獎制度。

三是根據生產需要，合理設置內部機構，自主聘選幹部。

之後，娃哈哈集團果然順利擴大。

娃哈哈食品集團雖被指責爲「趁火打劫，最不道德的公司」，但大衆也不得不承認娃哈哈的時機的確趕得好、趕得巧，因爲該公司改組成立不過三個月，就新增一百多萬人民幣利潤。

商戰筆記

• 當敵手陷入困難，就要把握機會展開攻勢，將它消滅或吞併，別錯過了趁亂取勝的大好良機。

掌握訊息，就是掌握成功的機率

頂尖的商業高手之所以能在亂中取勝，不是靠投機術，而是靠謀斷。謀斷越高的人，成功機率自然越大。

不要看到別人賺了不少錢，就急得亂跳，要知道天下沒有白吃的午餐，既然羨慕成功，就該多在謀略上下功夫，因爲一個好的謀略是金錢換不到的。

非洲國家薩伊發生了叛亂，這件事對於千里之外的日本企業似乎沒有什麼意義，但三菱公司的決策人員卻沒有放過這個資訊。

經過分析，他們認爲，與薩伊相鄰的尚比亞是世界重要的銅礦生產地之一，有可能受到叛亂影響，不能掉以輕心。於是，三菱高層命令情報人員密切注視叛軍動向。不久，叛軍果真向尚比亞移動，總部接到這項情報後，斷定叛軍將切斷交通，此舉必定影響尚比亞銅礦的輸出，進而造成世界市場銅價上漲。

於是，三菱果斷地做出決策，大量收購市場上的銅。果然如預料，當叛軍一切斷交通，銅價頓時飆漲，三菱將先前購進的銅賣出，立刻賺進一大筆錢。

三菱公司乘著薩伊的內亂，發一筆橫財，關鍵就在於公司決策人員多謀善斷，能從資訊情報中尋找「火」源，並做合理推斷，進而將一般人不會留意的資訊轉化成財富。

頂尖的商業高手之所以能在亂中取勝，不是靠投機術，而是靠謀斷。謀斷越高的人，成功機率自然越大。

商戰筆記

•想趁火打劫，就得抓住最正確的時機，下最正確的決定。

找出對手的危機趁勢出擊

「乖乖」懂得利用對手的潛在危機，趁勢出擊，使敵方的危機明朗化，原有營銷錯誤更顯得突出。

有勢，必須牢牢抓住，這是經商之道；無勢，必須會造勢，這也是商家兵法。總之，懂得趁勢出擊，才可能贏得勝利。

「乖乖」在台灣市場相當受歡迎，多年來始終擁有高人氣。但卻很少人知道，在打入市場之初，它曾和同類型競爭對手有過一場激烈的攻防、較量。

當時，保力達公司策劃多時後，新推出一種香脆小點心，取名「佳佳」。憑藉著強力宣傳，甫上市就引起轟動，造成一股香脆食品的流行熱潮。保力達公司原本以為可以引領消費潮流前景，不料卻因為營銷決策的錯誤，使「佳佳」轟動一時之後，很快面臨銷售萎縮危機，又因應變遲緩，最終被「乖乖」擠出市場。

之所以落得這樣的結局，是因為「佳佳」自上市之初就潛藏著三大危機：

• 定位狹隘。

「佳佳」以青少年為銷售對象，尤其著重戀愛中的男女青年，甚至包括失戀者，還在廣告中帶上一句「失戀的人愛吃佳佳」。本來，以戀愛中男女為主已經無形中自動縮小了市場範圍，很容易失去一般消費者，再加上那句讓人感到晦氣的廣告詞，頓生反效果，畢竟誰願意無端沾上「失戀者」之嫌？

• 口味偏差。

「佳佳」既然把「情人的嘴巴」作為訴求對象，就應該考慮到戀愛男女都喜歡甜蜜，必須從這一點切入、著手。然而，它卻是「咖哩」口味，含辣，容易上火，使人口乾舌燥，情侶們吃過一次以後還會不會再買，實在令人懷疑。

• 包裝不得當。

「佳佳」為滿足顧客一次購買（求方便）的需求，採大包裝上市。但是，大多數消費者對新產品是抱持「試試看」心理，只想來一點嚐嚐，很少願意花錢買一大包陌生食品。

「佳佳」的三大營銷錯誤顯而易見，保力達公司不乏人才，各級主管也不是不知道，但爲什麼不在最短時間內糾正呢？原因在於營銷決策的修正，勢必涉及公司各個部門利益重新分配，需要一個立場客觀、公正且具魄力的首腦人物選擇良策，當機立斷，可惜保力達公司那時沒有這樣人物。

市場競爭不等人，在冷酷無情的商業戰場，唯有適者才能生存。「佳佳」危機日深之時，正是「乖乖」趁勢出擊之日，在分析了「佳佳」所犯的三大錯誤之後，制定了針鋒相對的三項策略：

- 釐清消費對象。

「乖乖」將兒童作爲銷售對象，以兒童對零食反應快、衝動購買可能性大爲基準依據，在廣告中直接了當地說：「吃得高高興興！高高興興地吃！」試想，哪個孩子不願高興愉快呢？哪個家長不希望孩子愉快高興呢？這句廣告詞恰好與消費者的願望產生密切關聯，很自然讓大衆留下深刻印象，輕而易舉觸發了購買慾望。

- 順應消費者口味。

「乖乖」在強化香、脆的同時，也重視甘美，力求甜而不膩，不僅兒童愛吃，戀愛中男女也喜歡。無形中，「乖乖」擴大了客群，奪走了「佳佳」的市場。

• 包裝精巧。

爲了和「佳佳」進行區隔，「乖乖」特意用小包裝上市，完全符合大多數消費者「買一點嚐鮮」的心理，留下好印象。孩子吃完了一包，口中還餘有香甜，當然吵嚷著「再買」，小包裝達到了催發重複購買的促銷效果。

「乖乖」懂得利用對手的潛在危機，趁勢出擊，使敵方的危機明朗化，原有營銷錯誤更顯得突出。待到對手將意見統一，想開始反擊的時候，「乖乖」早已穩固地佔領市場，無法撼動了。

商戰筆記

• 在商業競爭中，徹底了解市場，明確定位客層，才可以有效獲利。

• 發現錯誤，必須立即改變策略，切忌延誤了彌補、改善的最佳時機。

第6計

聲東擊西

經營者需要學會製造假象，
隱蔽自己的真實意圖，
以轉移消費者或競爭對手的注意力，
在產品研製、生產和市場促銷中謀取主動地位。

【原文】

敵志亂萃，不虞，坤下兑上之象，利其不自主而攻之。

【注釋】

敵志亂萃：萃，野草叢生。句意爲：敵人神志慌亂，失去明確的方向。

不虞：虞，預料。不虞，意料不到。

坤下兑上之象：《易經》萃卦下卦為坤，坤為地，上卦為兑，兑為澤，該象指地面上洪水氾濫。此卦三陰聚於下，二陽聚於上，各依其類以相保，如果使這種群陰保陽的局面受到擾亂，就將禍亂叢集，有意料不到的困難與危險。

利其不自主而攻之：不自主，即不能自主地把握自己的前進方向和攻擊目標。句意爲：敵人不能把握自己的前進方向，對我方有利，應乘機進攻、打擊敵人。

【譯文】

敵人心志慌亂，像叢生的野草，失去明確方向，意料不到要發生的事情，這是《易經》萃卦中所說的那種混亂潰敗的象徵。這時，要利用敵人不能自控，誘使敵人做出錯誤判斷，對其發起攻擊。

【計名探源】

聲東擊西，是忽東忽西，即打即離，故意製造假象，引誘敵人做出錯誤判斷，然後乘機殲敵的策略，在戰爭中的運用十分廣泛。

為使敵方的指揮判斷失誤，必須採用靈活機智的行動，本來不打算進攻甲地，卻佯裝進攻；本來決定進攻乙地，卻不顯出任何進攻的跡象。似可為而不為，似不可為而為之，敵方就無法推知我方意圖，被假象迷惑，做出錯誤判斷。

東漢時期，班超出使西域，目的是聯合西域諸國共同對抗匈奴，但地處大漠西緣的莎車國，煽動周邊小國歸附匈奴，反對漢朝。

班超決定先平定莎車國，莎車國國王遂向龜茲求援。龜茲王親率五萬人馬救援莎車國，班超聯合于闐諸國，兵力只有二萬五千人，敵眾我寡，難以戰勝，必須智取。班超遂定下聲東擊西之計，迷惑敵人。他派人在軍中散佈對班超的不滿言論，製造打不贏龜茲，準備撤退的跡象，並且特別讓莎車戰俘聽得清清楚楚。

這天黃昏，班超命于闐大軍向東撤退，自己率部向西撤退，表面上顯得慌亂，故意讓俘虜趁機逃脫。俘虜逃回莎車營中，報告漢軍慌忙撤退的消息。龜茲王大喜，誤以爲班超懼怕自己而逃竄，想趁此機會追殺班超。他立刻下令兵分兩路追擊逃敵，自己親率一萬精兵向西追殺班超。

班超胸有成竹，趁夜幕籠罩大漠，撤退僅十里地，部隊即就地隱蔽。龜茲王求勝心切，率領追兵從班超隱蔽處飛馳而過。

班超立即集合部隊，與事先約定的東路于闐人馬迅速回師，殺向莎車軍。班超的部隊如從天而降，莎車軍猝不及防，迅速瓦解。莎車王驚魂未定，逃走不及，只得請降。

龜茲王氣勢洶洶，追趕了一夜，未見班超部隊蹤影，又聽得莎車已被平定、人馬傷亡慘重的報告，只得收拾殘部，悻悻然返回龜茲。

聲東擊西，才能讓對手措手不及

經營者需要學會製造假象，隱蔽自己的真實意圖，以轉移消費者或競爭對手的注意力，在產品研製、生產和市場促銷中謀取主動地位。

《孫子兵法・軍形篇》說：「善戰者立於不敗之地，而不失敵之敗也。是故勝兵先勝，而後求戰；敗兵先戰，而後求勝。」

古代善於行軍作戰的軍事家，都不會錯過任何打敗敵人的良機，也不會坐待敵人自行潰敗。商戰之道更是如此，必須具備一定的競爭謀略，想要獲得輝煌的勝利，就必須從混亂中看準有利的機會迅速出手，如此方能爲自己牟取最大的利益。

公司要經營得出色，必須講策略，不能簡簡單單地考慮問題、處理問題，應當學會聲東擊西，攻得敵人措手不及。做不到這一點，就會受制於人，處處讓他人算計得一清二楚。

成功引開敵人注意力的時候，發動攻擊的機會就來了，千萬不要放過。

不懂利用「聲東擊西」，可能犯下的錯誤有：

- 只知直來直往，因此總被「有心人」利用。
- 認為虛張聲勢沒有必要，總誤以為自己在做的都是最好的事。

「聲東擊西」，是以假象造成敵人的錯覺。「聲言擊東，其實擊西」，從而掩蓋自己的眞實意圖，轉移對手的注意，使之疏於防範，甚至做出完全錯誤的判斷，然後出其不意，攻其不備。

此計的應用方法很多，或製造謠言混淆視聽，造成對方顧慮，迷惑對方的意志；或故佈疑陣，使對方力量分散，削弱對方的防備。但自己的意圖和行動卻要絕對保密，從而爭取主動。

因爲市場競爭激烈，各種關係錯綜複雜，經營者需要學會製造假象，隱蔽自己的眞實意圖，以轉移消費者或競爭對手的注意力，在產品研製、生產和市場促銷中謀取主動地位。

所謂商戰，絕非只以資本決勝負。

經商本身是智力的爭戰，誰的智謀高，就可以佔上風。

企業經營者運用聲東擊西之計，能夠採取的方法很多：欲買而示之以賣，欲賣而示之以買，欲推銷某類產品，但示之以其他有關產品，欲生產某種產品，卻刻意放風聲說即將轉產等等。

只要認眞掌握，都可能取得良好的效果。

在商業戰場上，千萬要訓練自己「聲東擊西」的本事。

商戰筆記

- 懂得製造假象，才可以轉移對手的注意力，保護自己的利益。
- 市場競爭激烈，各種關係錯綜複雜，經營者需要學會製造假象，隱蔽自己的真實意圖。

洩漏假情報，讓鈔票落入自己的荷包

訊息相當重要，做生意必須以可靠的資訊做保障，同時具備冒險精神。只有這樣，才能從中牟取暴利。

有時候，故作姿態，走漏風聲，可以讓人不明眞相，分散注意力，有利於巧妙地把自己的事處理好。

約翰·皮爾特·摩根出生在康乃狄克州首府哈特福德，一個到處都是古典式房屋和教堂且臨近紐約的美麗小鎭。摩根之所以能從一個無名小輩，發展成爲紐約華爾街的第一號人物，榮登霸主寶座，與他一生善於把握機會，並總能及時巧妙加以利用的能力息息相關。

有一天，摩根位於華爾街的辦公室來了一位客人，年紀只比摩根大二、三歲，名叫克查姆。他看來果敢機智，很有才華，與摩根談得相當投機，兩人都有相見恨晚的感覺。

「有一筆黃金買賣，想不想幹？」克查姆問摩根。

原來他的父親是華爾街投資經紀人，總能得到一些好消息。他告訴摩根，父親從華盛頓方面得到確切情報，最近一段時期，北軍傷亡慘重，所以政府準備出售二百萬美元戰債，這項消息有利於炒作黃金價格。

這個消息對於摩根來說，不但相當及時，也至關重要。做生意，必須以可靠的資訊做保障，同時具備冒險精神，只有這樣，才能從中牟取暴利。

「只要能夠賺錢，爲什麼不幹？」摩根得到寶貴訊息，那雙深不可測的藍色眼睛立刻閃爍出光芒。

在克查姆建議下，他立即與住在倫敦的皮鮑狄先生打了個招呼，透過皮鮑狄公司和摩根共同付款的方式，秘密買下約四至五百萬美元價值的黃金。

事後，他將其中一半黃金交給皮鮑狄，另一半自己留下，並故意讓這樁交易走漏風聲。於是，到處都在流傳著皮鮑狄買下大量黃金的消息，而此時又恰遇查理斯敦港的北軍戰敗，黃金價格猛地暴漲。

眼看水到渠成，摩根適時把手裡的黃金全部拋出，成捆成捆的鈔票不過頃刻便全部落入自己的荷包。

靠「聲東擊西」策略著實發了一大筆，羽翼漸豐的摩根，充分顯示了自身的經商才幹。隨著在交易中一次次得到勝利，摩根商行的資本不斷擴大，在華爾街的影響也與日俱增，終於從無名小輩一躍成爲華爾街金融界的耀眼新星，揭開了事業嶄新的一頁。

商戰筆記

- 拋出誘餌、放出假情報，可以有效將潛在的威脅減少。
- 聲東擊西，在其他人跟進時不知不覺間完成目的，是最聰明的方式。

迂迴出擊可以提高成功率

先從對方感興趣的話題切入，博得好感並降低防備心後，再導引至主題，可以有效提高推銷成功率。

做生意、經營公司都不能太老實，必須有點心機，最好做到虛實結合、若隱若現，才能攫取龐大的商機。

有很多公司的經營者都吃過苦頭，因爲太老實會被人坑，太虛僞又沒人信，到底該怎麼辦？

看看下面這個故事，或許能夠得到啓發。

菲德爾電氣公司的約瑟夫．S．韋普先生，前往賓夕法尼亞州推銷用電。當他敲響一棟看來較富有也較整潔的農舍大門後，只見一條小縫打開，戶主布朗肯·布拉德老太太從門內向門外探出頭來。當她得知來人是電氣公司的代表後，竟一句話也不說，猛然把門用力關上。

無奈之餘，韋普先生只得再次敲門。敲了很久，她才又將門打開，但仍是勉強地開了一條小縫，而且還未等對方說話，便不客氣地破口大罵。

雖然出師不利，但韋普先生並不服輸，決心換個法子，碰碰運氣。他馬上改變口氣，滿懷歉意地說：「布拉德太太，很對不起，打擾您了，我今天來拜訪並非為了推銷用電，只是想向您買一點雞蛋。」

這話果然達到效果，老太太的態度稍微溫和了一些，門也開大了一點。韋普先生接著說：「您家的雞長得可眞好，瞧牠們的羽毛有多漂亮！大概屬多明尼克種吧！對了，能否賣給我一點雞蛋呢？」

這時，門又開得更大了些，老太太很認眞地問韋普：「你怎麼知道這些都是多明尼克種雞？」

韋普知道自己的話已經打動了老太太，便趕緊接上話：「因為我家也養了一些，可是像您餵養得這麼好的雞，我還眞是沒見過呢！而且，我飼養的來亨雞，只會生白蛋。夫人，您知道吧！做蛋糕時，用黃褐色蛋要比白色的好。我太太今天要做蛋糕，所以就到這裡來了……」

老太太一聽這話，頓時感到高興萬分，不再存有私毫戒備心理，立刻從屋裡走到門廊上。

韋普則利用這短暫的時間，瞄了一下四周環境，發現他們擁有整套的乳酪設備，於是繼續恭維道：「夫人，我敢打賭，您養雞賺的錢，一定比您先生養乳牛賺的錢更多，是吧？」

這句話說到了老太太的心坎裡，讓她心花怒放，因爲長期以來，丈夫雖不承認這件事，但她總得意地想告訴其他人。

知音可遇而不可求！老太太興奮地帶韋普先生參觀了她的雞舍，韋普先生也不時發出由衷讚美，他們互相交流養雞經驗與常識，彼此間相處得十分融洽，幾乎無話不談。

最後，布拉德太太在韋普先生的讚美聲中，主動向他請教用電的好處，韋普當即做了極爲詳盡的回答。

兩週後，菲德爾電氣公司收到老太太的用電申請書。

韋普先生推銷用電的手法，正是「將欲取之，必先與之」的應用。

先從對方感興趣的話題切入，奉上恭維讚美，博得好感並降低防備心後，再導引至主題，可以有效提高推銷的成功率。

商戰筆記

- 在做生意之前，最好先從顧客感興趣的事物下手，博得顧客的好感。
- 適當的恭維可以降低對手的防備心，提高自己的成功率。

先下手，不代表勝利一定到手

有創意，就等於比對手握有更多籌碼。先發未必制人，後發未必受制於人，端看如何運用自己的謀略與巧思。

雖然大家常說「先下手爲強」，但還是必須認清，時間先後只是決定輸贏的條件之一，不代表先下手者就一定獲得勝利。

斯未爾諾夫伏特加酒廠的總經理休布蘭，是一位躊躇滿志且頗具膽識的企業家，接掌大權之後，將酒廠生意經營得有聲有色。但原本看似一路平順的前景卻遭遇挑戰，敵手沃爾夫施密特釀酒廠決定大張旗鼓，全力展開進攻，爭搶市場。

這是一場不折不扣的「價格戰」，沃爾夫施密特酒廠決定大降價，使每一瓶伏特加的價格都較比斯未爾諾夫伏特加便宜一美元。

原爲市場霸主的斯未耳爾諾夫伏特加頓時處於劣勢，如果跟著降價，必定損失大量利潤，但若選擇不降價，原有市場又極有可能被奪去。

兩種應對方式都各有弊病，似乎都不理想，該怎麼辦好呢？

經過一番縝密的思考推演之後，休布蘭決定反其道而行，用對手絕對無法預料的方式奪取勝利。

首先，他對沃爾夫施密特釀酒廠的進攻佯裝不知，反而再將斯未爾諾夫酒的價格提高一美元，使雙方價差達到二美元，以「顯示」出自己所賣的酒確實是禁得起考驗的好酒，根本無懼降價拋售這樣的攻擊措施。

然後，他又新推出另外兩種品牌、包裝皆不同的伏特加酒，一種定價和沃爾夫施密特釀酒廠一樣，另一種則更便宜一美元。

雙管齊下，休布蘭很快扭轉劣勢，進一步更有效控制了市場。比較當年的業績，斯未爾諾夫酒廠共售出伏特加七百三十三萬箱，沃爾夫施密特酒廠卻僅有一百二十六萬箱，遠遜於前者。

《孫子兵法．作戰篇》說：「夫鈍兵挫銳，屈力殫貨，則諸侯乘其弊而起，雖有智者，不能善其後矣！」

我們經常見到商家爲了搶生意而和對手進行削價競爭，甚至進行消耗戰。這種錯誤的手法只會使雙方財力物力枯竭，讓其他競爭者乘虛而入，即使經營者再高明，也無法妥善地處置這種災難性後果。

經營者必須明白，削價只是吸引顧客上門的手段，而不是競爭的目的。有創意，能夠從不同角度思考、以不同角度出擊，就等於比對手握有更多籌碼。先發未必制人，後發未必受制於人，端看如何運用自己的謀略與巧思。

商戰筆記

- 時間先後只是決定輸贏的條件之一，不代表先下手者就一定獲得勝利。
- 如果已經慢了別人一步，該如何從不利中奪取勝機？這時候，就需要冷靜地分析局勢，運用創意，向對手的弱點展開攻擊。

想獲得勝利，就得玩弄心機

抓住對手因驕傲產生的弱點，狠狠反擊，如果能得到勝利，那麼就算得耍一點小手段，玩弄一點小心機，又有什麼關係？

巧妙地把敵手逼出市場，這種做法，只要不違反法律，任誰也無可奈何。所以每一位競爭者總是想把對手擠出去，讓自己佔有最大的市場。

許多成功的企業家，都會在殘酷商戰中採取讓對手自找苦吃的辦法。

美國有一家生產輪胎的公司，想讓它的「聖力」牌輪胎一舉佔領東南亞市場，幾番考量，把目標瞄準了新加坡。

聖力牌輪胎一進入新加坡市場，首先面臨的對手，就是由陳嘉庚所開設的「明日」牌輪胎廠。

陳嘉庚的「明日」牌輪胎生產起步較晚，且當時無論資金、技術都比聖力公司差許多，尤其在生產成本上，更是高出近一倍。種種因素都對「明日」公司非常不利，新加坡在地輪胎業危在旦夕。

聖力牌輪胎廠在新加坡推出的產品，每個只售二十新元，而且允許零售商延期三個月付款，而當時「明日」牌輪胎售價卻高達五十新元，競爭的劣勢顯而易見。況且「聖力」牌輪胎結實、耐久，在歐美市場本就相當有名，而「明日」輪胎別說在國際市場上鮮為人知，就是在國內也算不上家喻戶曉。

如此存亡關頭，為了「明日」輪胎廠的生存，更為了本土工業的未來，陳嘉庚將屬於自己名下的資金全部抽調來，要與「聖力」展開決戰。

陳嘉庚不愧是高深莫測的商人，深深知道，單憑個人力量，與一個全世界知名大公司進行正面商戰，失敗的可能性很大，因此，與部下詳細制定了進行商戰的兩個準備條件：

第一，聯合新加坡商會及行會，進行愛國教育，鼓勵人民使用本土企業產品，抵制外國貨。

第二，搞垮「聖力」公司在新加坡的企業形象，從根本上扭轉局面，最終把「聖力」趕出新加坡。

同時，要求「明日」公司員工加班擴大生產量，其中品質好的輪胎打上「明日」商標，仍以五十新元出售；而品質差的則打上「聖力」標記，以十新元的價格投入市場。

市場訊息回應非常及時，消費者都認爲「明日」的價格雖高，但品質有保證，而「聖力」出售的卻是價低質差的劣貨，令人不滿。

此外，「聖力」公司的售價忽高忽低，搖擺不定，引起了新加坡衆多批發商的疑慮，表示不敢進貨。

陳嘉庚之所以敢這樣做，是因爲知道「聖力」輪胎自視太高，根本沒有向新加坡商標局註冊，待發現「明日」公司仿冒生產「聖力」輪胎，也無權提出保護商標的訴訟。

最後，「聖力」公司不得不吞下自己釀成的苦酒，結束新加坡分公司業務，從此再也沒有在亞洲市場上出現過。

知己知彼，方能百戰百勝，商場競爭的輸贏成敗，有時候甚至和當地產業的發展狀況有直接關係。

抓住對手因驕傲產生的弱點，就要狠狠反擊，如果能得到勝利，那麼就算得耍一點小手段，玩弄一點小心機，又有什麼關係？

商戰筆記

- 想要扭轉劣勢，就要先將對手的底細摸清楚，針對對方的缺失、漏洞發動攻擊。
- 為求勝利，耍一點心機，玩一些手段，乃是商場定律。

第7計

無中生有

奧爾康公司發揮自己的想像力，
創造出惹人喜愛的「椰菜娃娃」，
當它成了搖錢樹，
又接連帶動一系列相關產品的誕生。

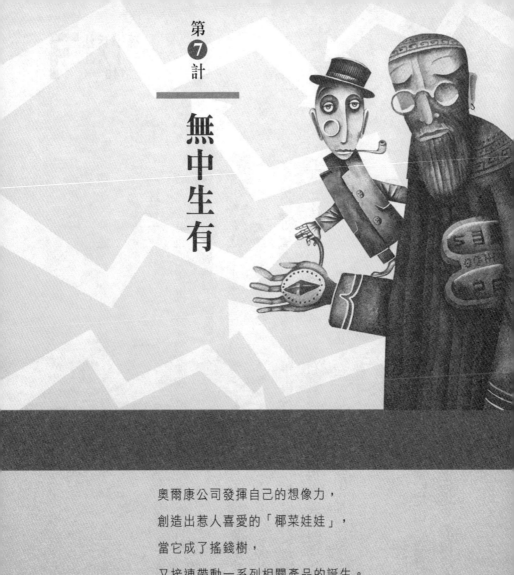

【原文】

誑也，非誑也，實其所誑也。少陰，太陰，太陽。

【注釋】

誑也，非誑也：誑，欺騙、迷惑。《孫子兵法・用間篇》即把誑事作爲「虛假之事」。全句意思爲：虛假之事，又非虛假之事。

實其所誑也：實，實在、眞實。實其所誑，是說把眞實的東西隱藏在假象之中。

少陰、太陰、太陽：原指《易經》中的兌卦（少陰）、巽卦（太陰）、震卦（太陽）。這裡少陰是指稍微隱蔽的軍事行動，太陰是指重大的秘密軍事行動，太陽則是指大型、公開的軍事行動。全句意思爲：在稍微隱蔽的行動中隱藏著重大的秘密行動。極爲秘密行動，也許正是在非常公開的大型行動掩護下進行。

【譯文】

用假象欺騙敵人，但不是一味弄假，而是巧妙地由虛變實，利用大大小小的假象來掩護眞象。也就是說，開始用小的假象，繼而用大的假象，最後假象突然變成眞象。

【計名探源】

「無中生有」字面意思是空穴來風，在現實生活中往往被視貶義詞。但在兵法運用中，此計是積極的欺敵戰術，先通過虛假行動，使敵人放鬆警惕，受到迷惑，然後我方再利用有利的時機，迅速採取眞實的行動，以迅猛的速度攻擊敵人，將其擊潰。無中生有之計的關鍵就在於眞假變化，虛實結合。

無中生有，「無」指的是虛、假；「有」指的是眞、實。無中生有強調眞眞假假、虛虛實實、眞中有假、假中有眞，讓敵方虛實難辨，造成判斷與行動失誤。

此計可分解爲三部曲：第一步，示敵以假，讓敵人誤以爲眞；第二步，讓敵方識破我方之假，掉以輕心；第三步，變假爲眞，讓敵方誤以爲假。這樣一來，主動權就被我方掌握。

使用此計有兩點應該注意：第一，敵方指揮官性格多疑、過於謹慎，此計容易奏效。第二，要抓住敵方迷惑不解之機，迅速變虛爲實，變假爲眞，變無爲有，出其不意地攻擊敵方。

唐朝安史之亂爆發後，許多地方官吏紛紛投靠安祿山、史思明。唐將張巡忠於唐室，不肯投敵，率領軍隊堅守孤城雍丘（今河南杞縣）。

安祿山派降將令狐潮率四萬人馬圍攻雍丘城。敵衆我寡，張巡雖取得幾次出城襲擊的小勝，無奈城中箭矢越來越少，趕造不及。

沒有箭矢，很難抵擋敵軍攻城，張巡想起三國時諸葛亮草船借箭的故事，心生一計。他急命士兵搜集秸草，紮成千餘個草人，將草人披上黑衣，夜晚用繩子慢慢墜下城去。夜幕之中，令狐潮以爲張巡要乘夜出兵偷襲，急命部隊萬箭齊發，急如驟雨，張巡輕而易舉獲敵箭數十萬枝。

天明亮後，令狐潮知道中計，氣急敗壞，後悔不迭。

第二天夜晚，張巡又從城上往下吊草人，衆賊見狀，哈哈大笑。張巡見敵人已被麻痹，迅速吊下五百名勇士，敵兵仍不在意。

五百勇士在夜幕掩護下，迅速潛入敵營，令狐潮措手不及，營中大亂。張巡乘此機會，率部衝出城來，殺得令狐潮損兵折將，大敗而逃。張巡巧用無中生有之計虛實交互運用，保住了雍丘城。

無中生有，商機不假外求

奧爾康公司發揮自己的想像力，創造出惹人喜愛的「椰菜娃娃」，當它成了搖錢樹，又接連帶動一系列相關產品的誕生。

「眞戲假作，假戲眞作」，其實也是一套幫助自己成功的經營妙計，作爲一個公司的經營者不可不察。

某一年耶誕節前夕，儘管美國不少城市都已朔風刺骨，寒氣逼人，但玩具店門前卻通宵達旦地排起了長龍。

原來，這些人們心中都懷著美好的願望——「領養」一個身長四十多公分的「椰菜娃娃」。

怎麼會到玩具店去「領養」娃娃呢？

原來，「椰菜娃娃」是一種獨具風貌、富有魅力的玩具，由美國奧爾康公司總經理羅勃士創造。

透過市場調查，羅勃士瞭解到，歐美玩具市場的需求，正由「電子型」、「益智型」轉而走向「溫情型」。

他當機立斷，很快設計出別具一格的「椰菜娃娃」玩具。與以往流行的洋娃娃不同，以先進電腦技術設計出來的「椰菜娃娃」，各有著不同的髮型、髮色、容貌，穿著不同的鞋襪、服裝、飾物，這就滿足了人們對個性化商品的需求。

另外，「椰菜娃娃」的成功，還有著深刻的社會原因——由於美國社會離婚率始終居高不下，不僅爲兒童造成很大心靈創傷，也使得不到子女撫養權的父母失去感情寄託。

此時，「椰菜地裡的孩子」正好填補了空白，因而推出後不但受到兒童們歡迎，也在成年婦女中暢銷。

羅勃士抓住了人們這個購買心理大做文章，別出心裁地把銷售玩具轉化成了「領養一個孩子」，讓「椰菜娃娃」從無生命的玩具搖身一變，成為人們心目中有生命的嬰兒。

奧爾康公司每生產出一個娃娃，都會附帶製造出生證明、姓名、手印、腳印，臀部甚至還蓋有「接生人員」的印章。顧客購買時，要莊嚴地簽署「領養證」，以確立「養子與養父母」關係的建立。

經過對顧客心理與需求的分析，羅勃士很快又下了一個創造性的決定——銷售與「椰菜娃娃」相關的周邊商品，包括娃娃用的床單、尿布、推車、背包，以至各種小玩具。

「領養」了「椰菜娃娃」的顧客，既然把它看作眞正的嬰孩與自身感情寄託，當然也會把購買娃娃用品看成必不可少的事情。

如此一來，奧爾康公司的銷售額當然大幅度增長。

如今，「椰菜娃娃」的銷售地區已擴大到歐洲、亞洲等地，羅勃士正考慮試製不同膚色及特徵的「椰菜娃娃」，讓它能走遍世界各國，保持奧爾康公司在玩具市場上首屈一指的地位。

奧爾康公司發揮想像力，創造出惹人喜愛的「椰菜娃娃」，當它成了搖錢樹，又接連帶動一系列相關產品的誕生。

因爲「無中生有」，使得奧爾康公司受益無窮。

商戰筆記

- 推出新商品，要符合社會脈動，滿足顧客真正需求。
- 當一種品牌或產品暢銷，周邊商品的開發將帶來更可觀的利益。

買空賣空也能變成大富翁

做生意，需要膽識、智慧，抓住機遇，找到突破口。資金不足的時候，就看你有沒有想像力，會不會施點技巧，用別人的錢替自己賺錢。

很多商人在經商時，會面臨資金不足的問題，這時該怎麼辦？若有此疑問，不妨讀一讀下面這個「買空賣空」的例子。

日本角田建築公司的董事長角田式美，在事業起步前，一直思索著一個問題：「如何才能在沒有資金或資金很少的情況下賺大錢？」後來，終於讓他想出一套別出心裁的「預約銷售」辦法，實施效果甚佳，從此走上發跡之路。

「預約銷售」說起來並不複雜，就是從這樣一件生意開始的……

角田在決心於不動產行業中闖出成果後，便一直收集能實現計劃的情報資料，並創造、準備必須的條件。

當他得知有人要以八十萬日元賣掉一棟樓房，就馬上設法找到了可能購買的買主，透露有限的資訊，瞭解他們的期望，從而摸清了要買類似這樣一棟樓房的價格，大約在一百七十萬日元左右。

於是，角田立刻和他們之中的一位簽定了代購合約，約定於兩個月內替他找到合適的房屋。

其實，這時他早胸有成竹了，馬上前往房屋賣主那進行洽談，最後敲定以八十萬日元價格成交，並立即辦理手續，三日內付清款項，如果無法做到，則必須負責在十日內代理將樓房售出，逾期賠償十%罰款。

其實，角田手頭根本沒有錢，以上只不過緩兵之計，剩下的工作才是關鍵，就是尋找一個中間買主。他要這個買主買下這座樓房，然後由他代辦出售，並保證買主能在兩個月內賺到一成利潤，超過的部分歸角田。

對中間買主來說，兩個月賺到一成利潤，遠比銀行存款一年得息高出許多，而且有人給予擔保，安全又可行。在朋友的擔保下，他很快就又辦妥了對中間買主的代買代賣合約。

這時，與賣主定好的三天時限已到，正好由代理中間買主把樓房買下來，完成了第一環節的預約購買。

然後，他馬上回過頭來去找原先預約好的眞正買主，以先前洽談約一百七十萬日元的價錢將樓房脫手。

前後不到一個月，就淨賺了數十萬，簡直可形容爲小雞下金蛋。

曾有人問他，爲什麼不借錢完成這筆生意？他解釋說：「如果靠借錢，根本做不成，至少時間上來不及，因爲我是窮光蛋，沒有人會願意借給我這麼多錢做生意。但是找個朋友做擔保，就容易得多。」

角田的手段的確有一套，就算日後有了錢，依舊常用這種「買空賣空」的辦法，且頗有收穫。

他原來一無所有，經過十年努力，終於成了日本有名的建築業大亨。

資金不足的時候，就看你有沒有想像力，會不會施點技巧，用別人的錢替自己賺錢。

做生意，需要正當的經營技巧，更需要膽識、智慧，抓住機遇，找到突破口，然後再也不鬆手。如果一筆生意做順了，大可以繼續應用這些技巧，謀取合理的經營管道，賺合法的錢，追求更大的發展。

商戰筆記

- 本錢是做生意的條件之一，但絕對不是唯一。
- 經營技巧、膽識、智慧——一個成功的商人必須同時具備以上特質，缺一不可。

以小搏大絕對可以白手起家

就憑藉著不屈不撓的毅力、魄力，還有獨到且精準的眼光，便足以白手起家，在風雲詭譎的商場中謀得一席之地。

爲了長遠利益，不可斤斤計較於眼前一時、一事的得失，畢竟只要有所得就可能有所失，所以凡事都應從更全面、更宏觀的角度衡量。

企業家若能具備如此膽略和智謀，何愁點石不能成金？

十七歲那年，李嘉誠毅然辭去茶樓工作，進入一家塑膠廠當工人。由於頭腦靈活，手腳勤快，很受老闆賞識，很快便轉任推銷員，後來又被提拔爲業務經理。這份工作，使他積累了豐富的商場經驗，培養出日後獨立創業的能力。

一九五〇年，二十二歲的李嘉誠開設了一家專門生產玩具及家庭用品的小工廠，取名爲長江塑膠廠。

這段時間，他身兼數職，事必躬親，可說飽嚐了創業的艱辛。

一九五〇年代中期，香港經濟正要起飛，前景大好。李嘉誠慧眼找出可能發跡的切入點，開始大量生產市場上短缺的塑膠花，並使出渾身解數將產品打入歐美市場。塑膠花果眞到處盛開，成爲一種時髦的家庭裝飾品，也爲李嘉誠帶來源源不絕的利潤。儘管當時年紀尚輕，他已成爲知名的大企業家。

這時，李嘉誠事業可謂一帆風順，但是他清楚地意識到「好花不長開」，塑膠花市場不可能永遠興盛，必將走向萎縮，好日子很快就會過去，唯有掌握市場變化先機，向新的領域發展，才能在瞬息萬變的戰場中立於不敗。

仔細分析香港經濟未來可能走向之後，李嘉誠於一九六〇年進軍房地產業，大手筆投資，不過幾年時間，便買下上百萬平方公尺的土地和樓房。

一九六四年，香港發生了嚴重的銀行擠兌風潮，緊接著一九六七年的「九龍暴動」事件，使房地產價格暴跌。面對凶險的市場變化，李嘉成卻依舊處之泰然，深信自己的判斷準確，甚至冒極大風險，再投入大筆資金，趁低價繼續吃進大筆土地和樓房。

事實證明，他的眼光果眞精準。待到一九七〇年代初局勢回穩，香港房地產價格迅速回升，李嘉誠立刻將擁有的部分資產拋出，一出手便獲利兩倍以上，大大地賺了一筆。

一九七〇年代後期，長江實業集團公司已擁有相當實力，成爲香港華資房地產業中的龍頭老大。但他雄心勃勃，並不以此爲滿足，決定與實力雄厚並享有種種特權的老牌英資財團一爭高下。

經過多年的力量積蓄、精心策劃，李嘉誠首先瞄準老牌英資財團太古洋行下屬的青洲英泥公司爲目標。他暗中大量購進青洲英泥的股票，終於如願坐上這個香港經營歷史最長、規模最大的水泥公司董事會主席寶座。

好戲不止如此，接著的「九龍倉」爭購，李嘉誠表現依舊搶眼。憑智慧成功拉攏了「船王」包玉剛，且用計呑併和記黃埔集團的過程，更等同一齣以小搏大、巴蛇呑象的精采活劇。

一九七九年九月，長江實業終於成爲「和黃」企業集團的控股公司。這是香港史上，華資財團併呑英資財團的首例，可以形容爲香港華資財團發展一個不可磨滅的里程碑。

李嘉誠沒有顯赫背景，但憑藉著不屈不撓的毅力、魄力，還有獨到且精準的眼光，便足以白手起家，在風雲詭譎的商場中謀得一席之地。

商戰筆記

- 起家的方法有很多，能夠抓準時機、發揮所長，沒有萬貫家產可以依靠，白手一樣沒問題。背景不是絕對，智慧才是決定成就高低的主因。
- 有得必有失，與其斤斤計較於眼前的蠅頭小利，倒不如將眼光放遠，用更宏觀的角度來衡量得失，才能做出真正睿智的決定。

懂得草船借箭，才能賺大錢

在波濤洶湧的市場海洋裡，百舟爭流，優勝劣汰，其中飽含經驗與教訓，更充滿智慧的展現和累積，值得借鑑。

經濟領域神秘莫測，各種各樣紛繁複雜的現象令人眼花撩亂，應接不暇，但商務活動仍有基本規律可循。如果從商者善於借助外力，就可能發揮「草船借箭」功效，產生無窮盡效能。

日本東京的SKYLARK家庭餐廳，就是善擇經營方向和管理方式，因而取得成功的典型。

SKYLARK該公司創始人茅野先生發現餐廳經營者雖多，但放眼全日本，卻沒有一間以家庭爲主要服務對象的餐廳，斷定將會是很好的經營目標。經過深入地市場調查研究後，創辦第一間家庭餐廳，取名爲SKYLARK。

事實證明，他的判斷正確，十多年苦心經營使最初的小店蛻變成爲一家大公司，現在已擁有近一千家連鎖店了，成爲日本知名的餐廳集團。業績更大幅度增長，速度震驚了日本企業界。

SKYLARK餐廳能如此高速發展，訣竅之一就是善借力量，爲了擴展業務，以「借地借屋開店」方式獲取與衆不同的成功——凡物色到的地點，由土地所有者自己興建樓房，該公司承租，支付房租、地租，然後開始經營餐廳。

這種做法，就土地所有者而言非常合算，因爲如果將土地賣出，按日本政府規定，要繳納所得的大半爲稅金，而蓋樓房再租給SKYLARK則不必付稅。就SKYLARK而言，則無須購買土地興建樓房，既節省了龐大資金，並有效地提升擴展的速度。

靠這個辦法，SKYLARK公司很快在東京和全國各大城市將連鎖店建立起來，甚至大手筆在琦玉縣東松山市興建面積達三萬平方公尺的中央廚房，投資金額約在三十億日元左右。

據說，世界上現有超過五十萬種商品流通，具體名稱太過龐雜，根本無法列全，而經營行業之多，同樣不勝枚舉。

在波濤洶湧的市場海洋裡，百舟爭流，優勝劣汰，其中飽含經驗與教訓，更充滿智慧的展現和累積，值得借鑑。

商戰筆記

- 「方法」並不是「定律」，需要搭配大環境的變化進行調整，找出將之實行的最好模式。

將錯就錯，往往另有收穫

只要善於掌握正向思維技巧，從錯誤中另尋出路，就能使人在遇到難以挽回的意外時轉危為安。

無論多麼謹慎小心，創業者仍難免失誤，這是人之常情。大多情況下，將錯就錯，借力使力，不失爲一個可行的補救辦法，而且往往能收到奇效。

一個德國工人在製紙時，因爲不小心弄錯了配方，產生出大量不能書寫的廢紙，他不但被扣工資、取消獎金，末了還遭解雇。

正當灰心喪氣時，一位朋友想了個絕妙主意，叫他換個角度想，看能否從錯誤中找出有用的東西來。他很快就發現這批廢紙的吸水性相當好，於是切成小塊，取名「吸水紙」，拿到市場上出售。

由於錯誤配方只有他一個人知道，後來甚至申請到專利，就靠無心之過，靠朋友出的點子，發了大財。

由此可以知道，只要善於掌握正向思維技巧，從錯誤中另尋出路，就能使人在遇到難以挽回的意外時轉危爲安。

無獨有偶，在中國大陸，也有類似的「點石成金」故事。

有位老人名叫侯越峰，他的小兒子在一家塑膠廠工作，從事新產品的研發。但是一次試驗的失敗，造成十多萬人民幣的損失。這下可完了，丟掉飯碗不說，大好前途也等同失去。

開明的侯越峰卻鼓勵小兒子轉換思路，從其他角度想想點子，看能否使這一大批廢品起死回生。日以繼夜研究後，小侯竟製出了一種以碳酸鈣爲主要原料的聚烯烴塡充劑（PVC樹脂取代劑），把它加進塑膠或代替碳墨加入橡膠中，摻入比例可提升至十%到三十%，但對塑膠和橡膠的性能不造成改變。

不久，他們成立了自己的企業，由父親侯越峰擔任總經理，開始透過密集的廣告宣傳進佔市場。

當時公司只在華北有些名氣，而在擁有衆多塑膠廠的南方，知名度很低。侯越峰集中火力到南京、上海、杭州、寧波等地展開密集宣傳，憑膽識和遠見，沉著地要求業務人員不惜一切努力以打響知名度。後來，訂單果眞如雪片般飛來，敲開了南方市場大門。

市場的陡然擴大，光靠一家工廠生產塑膠塡充料已遠遠不夠，何況運輸成本也不斷增加。爲此，侯越峰一口氣在廈門、杭州、南京、北京……等地成立了十多家分公司，不單降低了成本，還擴大了影響層面，頓時名聲大震，無形中又做了一場廣告。

涼鞋、人造皮革、水管、板材、塑膠門窗、壁紙……以上這些製品在製造過程中都可以加進廉價的「石頭」，無異於一場原料的工業革命。

稱霸大陸還不夠，侯越峰緊接著瞄準海外市場，許多外商反應相當熱烈，紛紛下單訂貨，台灣「塑膠大王」王永慶甚至曾一天連發四封訂貨電報。

更讓人激動的事情還在後面，他收到一家英國公司發來的電報，寫道：貴公司掌握的塑膠塡料技術是「東方奇蹟」，敝公司十分欽佩，現願以一百二十五萬美元購買此項技術在英國的使用專利。

捏著電文，侯越峰的手不由地顫抖起來。

賣專利可得一百二十五萬美元，那麼，只要有十個國家的商人出這樣的價格購買專利，不就可以坐收一、兩千萬美元？

但冷靜之後，他仔細分析，這個產品最終只能賺到上億元嗎？按最低估價，少說也可以產生幾十億元人民幣的效益！

專利權一賣出去，海外市場就等於被外商壟斷，或許現下看來是一筆大收入，可從長遠考量，反而是公司的損失。

因此，侯越峰沒有爲賣專利所動，他要自己把產品打進所有國家。

擴大產品出口談何容易？爲此他整天琢磨。

一日，電視中一則新聞帶來啓發：大陸某企業到俄羅斯開辦中餐館，由俄國人提供場地、資金、辦理工商稅務登記等事務，中國人則負責烹調和經營即可，賺了錢，雙方按比例分成。

他決定照此辦法，把觸角延伸到外國去，藉技術入股，與外商合作。很快地，第一家海外工廠於泰國設立。

侯越峰的崛起之道，在於懂得從錯誤尋求契機，能以眞正全面眼光透徹分析問題，從別人的成功經驗中吸取對自身有助益的觀點，因而就算沒有高人一等的身分背景，仍成功地白手起家。

商戰筆記

- 一次錯誤，不代表以後再也沒有出路，有時候將錯就錯也能收到奇效。
- 吸取別人的成功經驗與觀點，是引領自己走向成功的標誌。

第8計 暗渡陳倉

「明修棧道，暗渡陳倉」可以有兩種應用，
一是利用假象麻痺消費者，另一種做法，
則是利用假象轉移競爭對手注意力。

【原文】

示之以動，利其靜而有主，益動而巽。

【注釋】

示之以動：動，行動、動作，這裡指軍事上的佯攻、佯動。意思爲：以佯攻的行動吸引敵人的注意力。

利其靜而有主：靜，平靜；主，主張。句意爲：利用敵人已決定的時機。

益動而巽：益和巽，都是《易經》的卦名。《易經・益卦》說：「益動而巽，日進無疆。」益卦，下卦爲震、爲動，上卦爲巽、爲風、爲順。意思是說，行動合理、順理，就會天天順利。表面上，努力使行動合乎常情；暗地裡，主動迂迴進攻敵人，必能有所收益。

【譯文】

故意曝露我方的行動，從正面佯攻，以此牽制敵人，讓他們在某地集結固守，然後我方隱蔽攻擊路線，迂迴到敵人的背後發動突襲，攻敵不備，出奇制勝。

【計名探源】

《孫子兵法．地形篇》說：「料敵制勝，計險阨遠近，上將之道也。知此而用戰者，必勝；不知此而用戰者，必敗。」

能判明敵軍的虛實和作戰意圖，研究地形的險易，計算路途的遠近，以奪取勝利，這都是主將應懂得的道理。運用這些道理作戰，必然會取得勝利；相反的，不懂得這些道理，那就必敗無疑了。

暗渡陳倉，意思是採取正面佯攻，當敵軍被我方牽制而集結固守時，我軍悄悄派出一支部隊迂迴到敵後，乘虛發動決定性的突襲。

此計與聲東擊西計有異曲同工之處，都有迷惑敵人、掩蓋自己行動的作用。二者的不同處是：聲東擊西，隱蔽的是攻擊點；暗渡陳倉，隱蔽的是攻擊路線。

此計是漢初名將韓信的傑作，「明修棧道，暗渡陳倉」，更是古代戰爭史上著名的成功戰例。

秦朝末年，政治腐敗，群雄並起，紛紛反秦。劉邦的部隊首先攻進咸陽，但勢力強大的項羽到達後，逼迫劉邦退出關中。

鴻門宴上，劉邦險些喪命，脫險後，只得率部退駐漢中。爲了麻痹項羽，劉邦退走時，將漢中通往關中的棧道全部燒毀，表明不再返回關中。事實上，劉邦無時不刻想著要擊敗項羽，奪得天下。

西元前二〇六年，逐步強大的劉邦，派大將韓信出兵東征。出征之前，韓信派了許多士兵去修復已被燒毀的棧道，擺出要從原路殺回的架勢。關中守軍聞訊，密切注視棧道修復的進展，並派主力部隊在這條路線各個關口要塞加緊防範，阻止漢軍進攻。

「明修棧道」的行動果然奏效，成功地吸引了敵軍的注意力，韓信立即派大軍繞道到陳倉（今陝西寶雞縣東）發動襲擊，一舉打敗章邯，平定三秦，爲劉邦統一中原邁出了決定性的一步。

別放過「偷襲」良機

「暗渡」前先要「明修」，這需要經營者事前做好部署，另樹目標，以轉移競爭對手的注意力，譜出勝利的前奏。

做生意、經營公司，都不是容易的事，最怕犯什麼錯誤呢？經商最容易犯的錯誤有以下兩點。

- 把生意上的事情看得過於簡單，以為你怎麼對別人，別人就一定也會同樣回報你，所以常常吃虧上當。
- 雖然對競爭對手時刻存有戒心，但仍努力維持表面的和諧假象，認為不應該輕易與人撕破臉。

做人要光明正大、清清白白，做生意卻不能沒有一些心計，必須學會暗中操作，有時還得動點手腳，靠「偷襲」獲得利潤。

什麼是「偷襲」？

偷襲可不是去搶、去奪，而是暗中運作，把別人的東西變成自己的，就像古代韓信「暗渡陳倉」一樣。

「暗渡陳倉」這一計，是從歷史故事「明修棧道，暗渡陳倉」得來，意思是指兩陣營在對峙的時候，其中一方故意暴露自己的行動，以表象迷惑或麻痺敵手，轉移注意力，暗地裡積極進行另一個進攻計劃，悄悄迂迴由別處偷襲，從而乘虛而入，出奇制勝。

在商戰中，此計可引申爲刻意暴露自己的行動意圖，用以擾亂、迷惑競爭對手或吸引顧客，私底下卻準備另一個行動，以達到出其不意，戰勝競爭對手，贏得商機之目的。

「暗渡陳倉」，實際上就是「偷襲」的運用，但「暗渡」前先要「明修」，這需要經營者事前做好部署，另樹目標，以轉移競爭對手的注意力，爲接下來的眞正企圖譜出勝利的前奏。

商戰無情，很多時候，就是憑藉人所不備的時機「偷襲」，才能創造出最好的制勝契機。

商戰筆記

- 一味追求光明正大，必定自己吃虧，做不了真正成功的生意。有時候，不妨使用「偷襲」，創造制勝契機。
- 懂得「暗渡陳倉」，事前做好部署，轉移競爭對手的注意力，才可以趁著敵手不知不覺，快人一步，搶下勝利。

明修棧道，暗地裡另動手腳

向社會大眾提供服務的同時，卻把真實意圖隱藏其中，讓人們在不知不覺情況下，心甘情願地接受了公司的宣傳。

高明的商人必定能體會「暗渡陳倉」的重要。那麼，該如何才能做到「表裡不一」，明擺出一套戰術，暗地裡卻又另動一套手腳呢？

在許多大城市的熱鬧街頭，都可以看到一些穿著打扮相當顯眼，長相身材也出色的年輕女孩，站在路邊或街口，向過往的每一位行人微笑，並贈送小包面紙或者濕紙巾。

許多人初次碰到，會感覺有些莫名其妙，但隨後便知道是廣告手法的一種。比起拿了嫌累贅的DM或傳單，面紙無疑實用許多，可以給人比較深刻且良好的印象，自然也更容易記住包裝上所印的商品或公司名稱。

如此，等同成功達到了廣告效果。這可以說是一種迂迴戰術，「明修棧道，暗渡陳倉」，向社會大衆提供人人都樂意接受的服務，卻把眞實意圖隱藏其中，讓人們不知不覺心甘情願地接受了公司的宣傳，還以爲是自己佔了便宜。

諸如這一類的活動，因爲頗有成效，不少企業主都願意絞盡腦汁去設計、去尋找。其實，做到這一點並不難，只要能掌握「暗渡陳倉」的謀略思想，細心發掘人們現下的需要，就可以構思出最適合、最巧妙的形式。

商戰筆記

- 想做生意，一定要懂得投合消費者的心理，否則一切都是白費力氣。
- 用服務包裝自己，讓消費者在不知不覺間接受，還自以為佔到了便宜，沾沾自喜，正是最高竿的推銷、廣告手法。

用形象包裝自己的真正意向

未必非要與對手硬拚，可以選擇用理想與教育的美好願景包裝自己，讓形象與業績一同提升。

活在競爭激烈的現實社會，唯有靈活運用智慧，才能爲自己創造更多機會。聰明人必須根據不同的情勢，採取相應的對戰謀略，不管伸縮、進退，都應該進行客觀的評估，千萬不要錯估形勢，讓自己一敗塗地。

想從狀況層出不窮的激烈商業競爭中突圍，要善於利用表面現象，藉機迷惑並麻痺對手，暗中爲實現眞實目的鋪路，奪取經濟效益。

日本人川上源一繼承父親的事業，擔任日本樂器公司董事長時，不過才三十八歲，正值壯年，滿心期望著開創出新局面。

川上源一上任後，當即著手分析市場狀況，認爲要突破現況，進而取勝，就必須釐清方向，鋪好一條必勝的前進道路。

此時，一個長遠計劃已開始在他腦中成形。

不久之後，川上源一宣布開辦「山葉音樂教室」，對外招收學生，並且爲此項規模龐大的事業投入超過二十億日圓資金，以向下紮根爲目的，全力且全面地向社會大衆推廣音樂教育。

音樂教室隸屬於山葉音樂振興會，開課班別包括好幾種不同類型，如長笛、電子琴、特殊人才培訓等等。

此外，招收學員的年齡涵蓋範圍也相當廣泛，從四歲幼兒到成年的媽媽皆可，音樂教室無論師資、教材、設備，皆是一時之選。

看似虧本，川上源一卻興趣極濃，大手筆毫不猶豫地投資。尤有甚者，還多次公開表示這是純粹爲推廣音樂教育事業而開辦，絕不帶任何商業色彩。

「山葉音樂教室」只是單純爲了教育目的才成立的嗎？眞的與日本樂器公司拓展業務完全無關嗎？

若眞的相信這些鬼話，就等於中了計。

再怎麼說，川上源一都是個不折不扣的商人，得以「做生意」爲最終目的。雖然音樂教室不允許教師在課堂上進行買賣或強迫推銷，但學員名單早已透過他們送到了日本樂器公司手中，而這些學員便理所當然地成了山葉樂器推銷員下手的最好目標。

另外，課程與教材都是由山葉音樂振興會編著、設計，隨著學習時間越長，班別等級越高，學員必須練習的樂曲難度也越高，必須購買樂器在家自行彈奏演練，才能演奏好。

當學員有了自己購買樂器的打算，首先列入考慮的，毫無疑問，必定是日本樂器公司的產品。

所以，儘管表面看來兩者沒有直接關聯，實質上，音樂教室的成立對日本樂器公司幫助很大。

川上源一推動的音樂教室，打著「教育」的崇高旗號，實則更加擴張了日本樂器公司的客源，奠定成功基礎。

當同行終於醒悟，了解這手法的高明，除了自嘆弗如，已無法撼動山葉音樂教室多年深耕所打下的根基。

不與對手硬拚，而選擇「用形象包裝自己的意向」，用理想與教育的美好願景包裝自己，讓形象與業績一同提升，正是川上源一的過人之處。

商戰筆記

- 用教育或公益的形象包裝自己，可以在提升形象的同時，有效迷惑消費者的耳目，減低他們原有的提防或抗拒心理。
- 與其與對手陷入混戰，倒不如花點心力，找出其他切入點，換個方向下手，說不定更有收穫。

讓內在實力與外在手段並進

「明修棧道，暗渡陳倉」可以有兩種應用，一是利用假象麻痺消費者，另一種做法，則是利用假象轉移競爭對手注意力。

要推銷產品或打響知名度，最有效果的方法，除了「降價打折」以外，就是「贈獎」了，道理何在？

相信大家都明白，正是利用了消費者喜愛「撿便宜」的心態。

這幾年，贈獎銷售已經成爲風潮，似乎不這麼做就無法生存。尤其一到歲末年終，在出清存貨與拉抬業績、爭搶過年消費潮的雙重壓力下，各家商場間的戰爭更是達到白熱化地步——一方面忙著推動年終的出清銷售，另一方面，也雄心勃勃地爲新一年度開春更刺激、更具魅力的大獎銷售準備。

這似乎已經成了定律，在這場戰爭中，百貨零售業若不跟著炒熱氣氛、弄點噱頭，不大手筆規劃贈獎活動，必定被消費者厭棄，無法繼續經營下去。

但，決定一個商店生存的因素，真的如此「單純」嗎？做出定論之前，不妨看看以下這個例子。

某年歲末，市面上如往例又開始了一場熱鬧的折扣贈品大戰，太平洋國際購物中心雖然也加入了戰爭，但老闆卻獨具遠見，心中有不同於他人的盤算。表面同樣忙著推動年終促銷活動，信心百倍地與同行展開競爭，並籌劃第二年的活動，但實際上，他早就看穿了盲目於有獎銷售可能造成的不足，開始在提高員工素質和挑選眞正物美價廉商品兩方面下功夫。

當新一年度到來，太平洋國際購物中心所推出的，不是限量折扣大搶購或者滿額贈獎，而是眞正一流的優質服務與物美價廉的商品。消費者們很快便感受出「實質性改善」，紛紛選擇上門購物，立刻帶動業績直線上升，創下前所未有的佳績，令同行目瞪口呆。

市場競爭之中，「明修棧道，暗渡陳倉」可以有兩種應用方式，一是利用假象麻痺消費者，驅使購買企業產品或服務，以佔領市場；另一種做法，則是利用假象轉移競爭對手注意力，於最適當時機推出獨具特色的經營方式或產品，以爭取競爭優勢。

不妨想想，如果上述故事中，那位老闆不是在第一年歲末一方面佯裝推動贈獎活動，另一方面實實在在「修練內功」的話，又怎麼能得到第二年年初令人耳目一新的風貌，以及之後蒸蒸日上的業績呢？

商戰筆記

- 麻痺消費者並轉移對手注意力，是「明修棧道，暗渡陳倉」的兩大目的。
- 經營不可本末倒置，無論促銷手段多麼高超，別忽略了仍必須從根本改進，提升產品品質與服務，才可能讓事業長久。

貪圖利益，小心掉入騙局

以單一性思維方式看人看事，無法有透徹而全面的了解，可能導致只看到對方明修的「棧道」，而想不到他人要暗渡的「陳倉」。

「暗中出老千」的手段，不僅早已爲習慣了爾虞我詐的大商人所用，其實也常出現在日常生活及政治活動中。

如果用心留意、觀察、思考，甚至會發現生活中「處處皆陷阱」。

這天，熱鬧的夜市匯聚了大批人潮，在人群中間，有名中年人擺了個小攤，攤上放著一個大盒子，盒子裡有一個大盤，大盤周圍則擺了一條洋煙、一瓶紅酒、一些看起來相當精緻的藝品，此外，還有好幾種不太值錢如鑰匙圈、打火機之類的小東西。

盤子中間有一根指針，連接著電動開關。只聽那中年人拉開嗓門喊道，三十元玩一次，指標停止後指著哪一格，玩家就可以把裡面的東西拿走。

只要三十元就可能得到紅酒或洋煙，這條件實在相當誘人，馬上就有一名年輕人走過去，拿出零錢，玩了起來。

按一下電動開關，圓盤子上的指針果然開始飛速旋轉，幾秒鐘後才停下來，可惜竟指在最不值錢的小海螺鑰匙圈上。年輕人不服輸，也不信邪，又連續掏錢「玩」了五、六次，儘管每回指標的方向不盡相同，卻總事與願違，偏偏都停在那些讓人不感興趣的小東西上。

最後，年輕人只得一臉不甘願地放棄、離開。

事實上，這正是標準的「暗中使詐」、出老千，只怪這個年輕人沒有識破其中奧妙，才傻傻上了鈎。中年人擺出的圓盤，底部背面其實裝了幾塊小磁鐵，並將比較不值錢的小物品放在與磁鐵相對應的空格上。這樣，無論怎麼轉，指針都只會停在幾個特定地方。

如此一來，別人又怎麼可能贏走有價值的洋酒、洋煙呢？

將類似計策應用在詭譎政局中，影響更是驚人。

一九四五年，前蘇聯某位政府官員，趁著一個氣氛相當友好的公開場合，將一隻刻工相當精緻的木雕老鷹贈送給美國大使哈里曼。

哈里曼大使甚為珍惜，將它掛在自己的書房裡，卻不知道那隻展翅欲飛的老鷹體內，其實裝有結構相當複雜、精密的微型竊聽器，只要書房裡有談話聲音，位在大使館鄰街空屋裡的蘇聯情報接收站都可以清楚聽到。

這隻老鷹足足掛了七年，直到一九五二年，美國情報人員偶然發現有奇怪的頻率傳出，跟蹤追尋，才弄清藏在老鷹體內的秘密。

美國大使哈里曼就是中了前蘇聯的「暗渡陳倉」詭計，導致被蘇聯玩弄於股掌中還不自知。

確實，一般人通常不會懷疑禮品被動過手腳，對他人的「好意」往往欣然接受，甚至愛不釋手，結果不知吃多少虧，洩漏掉多少機密。

為什麼難以識破「暗渡陳倉」的騙局？這其實與人的思維方式很有關係。如果向來習慣於採用單一思維方式，不求改變，就容易陷入「片面性」和「直線性」兩大盲點之中。

片面性，即是只從一個方面觀察事物，或把多樣化的原因歸結成一種。直線性，則容易把事物簡單化、單純化，忽略可能隱藏的複雜。

以單一性思維方式看人、看事，往往只能發覺其中某一種面相，無法有透徹而全面的了解。

以這種思維方式與人交往，往往會被表相蒙蔽，導致只看到對方明修的「棧道」，而想不到他人要暗渡的「陳倉」。

使出這一計，說穿了便是故意另樹假目標，擺明表示出企圖，吸引對方注意，暗地裡積極進行另一個計劃，以出其不意、攻其不備。

用兵法的角度解釋，暗渡陳倉之計便是「奇正相生，正者當敵，奇後從旁，擊其不備」，藉「明」、「正」轉移注意力，鬆懈準備，再以「暗」、「奇」實施偷襲，使對方猝不及防。

從心理學角度來看，人見利而易忘其害，魚見食而不見其鉤。使計者正是利用常人難免都有這種心理，刻意裝出友好的表面，或者施點小利，以求成功掩飾暗地裡偷偷進行的手腳，使人見利忘害。

這就是懂得「暗中出老千」者得以縱橫的最大原因，無論是在政壇或商場。

商戰筆記

- 切忌只以單一方式思維，因為這樣容易掉入「片面性」和「直線性」兩大盲點中，而遭受有心人的欺騙、陷害。
- 經商時，你可能出老千騙人，同理，別人也隨時都可能出老千騙你，所以必須隨時保持謹慎，別被利益蒙住眼睛。

第9計 隔岸觀火

只要具備敏銳的眼光，就能看出生意。

以逸代勞，坐收漁翁之利，

這正是「隔岸觀火」策略在商戰中的精采運用。

【原文】

陽乖序亂，陰以待逆。暴戾恣睢，其勢自斃。順以動豫，豫順以動。

【注釋】

陽乖序亂，陰以待逆：陽、陰，指敵我雙方兩種勢力。乖，分崩離析。逆，混亂、暴亂。句意爲：敵方衆叛親離，混亂一團，我方應靜觀，待其發生大變亂。

暴戾恣睢：窮兇極惡。

順以動豫，豫以順動：語出《易經．豫卦》：「豫，剛應而志行，順以動，豫。豫順以動，故天地如之，而況建侯行師乎？」豫即喜悅。豫卦坤下震上，順以動，坤在下，是順；震在上，是動。意思是說：陰陽相應，天地之間也能任由縱橫，何況建諸侯國，出兵打仗呢？隔岸觀火，即是以欣喜的心情，靜觀敵方發生有利於我方的變動，然後順勢而制之。

【譯文】

在敵人內部矛盾激化、表面化，分崩離析之時，我方應按兵不動，靜待敵方形勢的惡化。屆時，敵人相互仇殺，必將自取滅亡。我方要採取順應的態度，然後見機行事，坐收漁翁之利。

【計名探源】

隔岸觀火，就是「坐山觀虎鬥」，「黃鶴樓上看翻船」。敵方內部分裂，矛盾激化，相互傾軋，這時切不可操之過急，免得反而促成他們暫時聯手。正確的方法是按兵不動，讓他們互相殘殺，彼此消耗，甚至自行瓦解。

隔岸觀火之計在運用上一般有兩種情況：

第一，坐觀敵方因內部衝突而出現相互攻擊和殘殺的混亂局面，然後選擇有利時機對敵人實施毀滅性打擊。第二，坐等敵人內部出現矛盾和衝突，利用一方消滅另一方，然後消滅或收服剩下的一方。

運用隔岸觀火之計，關鍵是充分利用敵方內部的一切矛盾和衝突，這就要求用計者必須非常熟悉敵方內部的情況，並對其發展趨勢有正確的判斷。

隔岸觀火最能保全自我

當兩強相爭，實力較薄弱的小企業如果不採取隔岸觀火之計，而跟著盲目介入，最終必然後悔。

市場競爭，說穿了就是公司之間的鬥智鬥力，但一般情況下，都會有旁觀者出現，或準備加入戰局，或好整以暇地等待，另外做打算。

某年，香港超級市場之間發生了一場激烈「戰爭」，它們所使用的武器當然不是槍砲、火箭，而是破天荒的「大減價」。

這場「戰爭」，由百佳超級市場集團打響第一炮。在香港擁有數十家分店的「百佳」集團，突然於各大報刊登醒目廣告，宣佈將幾十種商品削價出售，減價幅度相當驚人，由十%到三十%不等。

消息傳出後，同樣擁有七十多家分店的另一超級市場集團「惠康」自然不甘示弱，立刻做出應戰準備，決定把商品價格壓得比「百佳」更低。當天所有分店打烊之後，「惠康」員工全都連夜趕工更改標籤，第二天一早，上門顧客無不驚訝於售價的大幅度下降。

戰況越發激烈，從食品延燒至日用品，涵蓋的範圍越來越廣。

「百佳」、「惠康」分屬於兩個不同財團，互相之間早有激烈競爭。當時，香港超級市場不斷擴張、成長，累計已有近四百家。

市場有限，負荷不了如此密集數量，必然驅使競爭更形白熱化。

同時，貿易頻繁，貨品種類與數量大幅增加，但當地居民的購買力並沒有相對提高，從而造成了供過於求、滯銷積壓。

爲了刺激消費，也爲了吃掉「小魚」，因而引爆這場降價大戰。

兩家集團之所以敢發動價格戰，不但憑藉了自身規模，更倚仗背後貨源和資本的穩定優勢。香港的超級市場都向洋行訂貨，「百佳」和「惠康」的進貨量大，成交價格自然相對較優惠，削價賣出仍可以支撐營運。

此外，它們的付款期限也較長，一般為六十天，甚至可延到一百二十天，使周轉壓力減輕不少。

這場商戰在香港市場掀起一場風暴，徹底打亂了表面的平和假象。兩大超市集團為爭取顧客，從四月下旬展開削價競銷，酣鬥數月，不肯罷手，不僅絕大多數商品減價一至二成，甚至還有些主力商品破天荒降到了成本以下。

對此，人們只能以「血淋淋的肉搏戰」來形容。

兩大超級市場集團削價競銷，卻苦了其他中小型超級市場和商店，為數不少應聲倒地，其餘也岌岌可危。但哀鴻遍野中，竟存在例外——少數商店非但穩如泰山，還增加了部分顧客，有所發展。

這是為什麼呢？

後者的訣竅，就在於採用了「隔岸觀火」之計。

兩大集團削價競銷之時，他們不盲目跟隨，冷靜地仔細分析兩大集團經營的所有商品，找出被忽略的幾種，並釐清市場眞正需求狀況，從中抓住「漏網之魚」。如此便不需要被捲入戰局，弄得一身狼狽，只要從冷門處鑽營、下手即可。

無論面臨困境時打算採取何種行動，都一定要事先衡量清楚自己的能力。當兩強相爭，實力較薄弱的小企業如果不採取隔岸觀火之計，而跟著盲目介入，忽略自身財不大、氣不粗的事實，最終必然後悔。

商戰筆記

- 想要縱橫商場，就一定得了解自己和對手的實力、優缺點。知己知彼才能百戰百勝，這是不變的真理。
- 當兩強相爭，市場一片混亂時，身為實力較弱者，與其一味蹚渾水，倒不如換個方式，坐山觀虎鬥，等待適合切入、坐收漁利的最好時機。

靜觀變勢，開創大好前景

無論任何行業都一樣，興盛的時候，不等於沒有風險，同理，蕭條的時候，不代表沒有機遇。

隔岸觀火的目的是靜觀局勢變化，在關鍵時刻坐收漁利。生活中，商場上，許多事情的發展都好似一齣戲，有高潮，當然也有低潮，而變化往往只發生在轉瞬間，必須從變化之中抓住機會。

中國經濟起飛之時，原本乏人問津的大陸房地產忽然興盛起來，由南至北，各式建案不斷推出，遍及全國。但曾幾何時，火熱的房地產市場又急遽降溫，速度快得出乎眾人意料。

從事這一行的經營者，見狀無不愁眉不展。大樓都已經蓋好，卻遲遲出不了手，豈不急死人嗎？

然而，恰在此時，過去總按兵不動的蘇州市農工商房地產開發公司，卻出人意料地「殺」了出來，在一塊地價頗高的「黃金地段」，動工興建面積達四．八萬平方公尺、建築面積達七．二萬平方公尺，總投資金額超過一億人民幣的「金龍花園」。

消息傳開之後，所有同行都瞪大了眼睛，咋舌不敢相信。明明知道房地產市場趨冷，爲什麼還要冒著風險推出規模如此驚人的建案？如此行爲根本等同自取滅亡，不是嗎？

其實不然，這正是該房地產開發公司坐山觀虎鬥、趁勢出擊的聰明表現。

常言道，種田必須把握農時，農時就是機遇。經營房地產和種田的相通之處，就在於都必須看準「農時」，抓住機遇。

面對落入低谷的房地產市場，大衆普遍認爲不是投入的時機，因爲加入戰局就可能意味著被「套牢」。

但是，任何一個問題都有兩面，不能只從單一面向思考。機遇既包含客觀性，又有隱蔽性，無論處於何種行業都一樣，興盛的時候，不等於沒有風險，同理，蕭條的時候，不代表沒有機遇。

眞正的強者與智者不盲目跟隨潮流，而是領導潮流，即便碰上逆流，也能從中看出並抓住機運，開創大好前景。

商戰筆記

- 商場情勢萬變，沒有「絕對」，任何狀況都可能在一轉眼間發生，千萬不要只用單一思維衡量局勢。
- 與其跟隨潮流，不如設法引領潮流，抓住稍縱即逝的發展契機。這樣的人，才是真正的強者。

局勢越混亂，越該處之泰然

應當學習袖手旁觀彼岸之火的從容，相較於盲目跟隨，面對混亂局面，泰然處之反而更好。

當今社會，穿上一條牛仔褲，搭配簡單輕便的上衣與布鞋，信步在大街上行走閒逛，根本不會引起側目，也沒有任何特異之處。但是，你可知道？儘管牛仔褲今日如此風行，但論及其發源，卻是「牛仔褲大王」李維．史特勞斯「隔岸觀火」引來的結果。

大約在一百多年前，美國加利福尼亞地區因爲發現金礦，掀起一股前所未有的淘金熱。不出多久，幸運的先行者們因爲挖到礦脈而在一天之內致富的消息不脛而走，吸引了更多後繼者，潮水般由全國各地湧向加州。

隨著淘金者增多，競爭日趨激烈，除了搶奪礦脈所有權，優良、好用的淘金工具和生活用品也逐漸炙手可熱。

原籍德國的猶太人李維·史特勞斯也來到了這個巨大的競爭場，但他帶來的不是淘金工具和大筆資金，而是原先便一直經營的縫紉用品，以及應該相當適合讓淘金者做帳篷的帆布。

一到目的地，縫紉用品便被一搶而空，但奇怪的是帆布卻無人問津。李維沒有一頭熱地跟著投入淘金者的競爭，而是冷靜下來，觀察眼前千變萬化的局勢。他相信，必定會出現自己所尋求的轉機。

皇天不負有心人，這機會終於被他等到……

有天，李維和一位疲憊不堪的礦工坐在一起休息，聽對方抱怨道：「唉！我們這樣一整天拚命地挖礦，幾乎連吃飯、睡覺的時間都沒有，褲子破了也顧不得。偏偏在這個鬼地方，褲子破得又特別快，新褲子穿不到幾天就可以丟了！」

「嗯！是啊！如果有一種耐磨又實穿的褲子……」順著對方的話說到一半，李維忽地愣住。對了！帆布不正是最耐磨的布料嗎？

想到這，他不禁興奮地伸手一把拉住那個礦工，起身就走。

李維帶他來到熟識的裁縫店裡，對裁縫師傅說：「你看，用我的帆布為他做一條方便工作穿的褲子，可以嗎？」

「當然可以。最好還是低腰、緊身剪裁，這樣既方便活動，看上去又瀟灑俐落，如何？」裁縫師傅跟著出主意。

「你看著辦好了！一定要結實就是了。」

於是，第一條牛仔褲的前身——工作褲就這樣誕生了。由於它同時具備美觀、方便、耐穿等好幾大優點，因而深受礦工歡迎。以此爲基礎，李維不斷地改進並提高工作褲的品質與設計，終於逐漸演變成今日的牛仔褲，並由加利福尼亞礦區向外延伸，逐漸打進大城市，再從美國推向全世界。李維因此獲得成功，賺進大把鈔票不說，還成爲聞名於世的「牛仔褲大王」。

如果當年選擇不假思索地投入淘金潮，而非「以靜制動」，冷靜觀之，尋找適合自己的切入點，那麼「牛仔褲大王」這個封號恐怕就得易主了。

透過這個故事，李維能得出什麼道理呢？

應當學習袖手旁觀彼岸之火的從容，相較於盲目跟隨，面對混亂局面，泰然處之反而更好。

「以靜制動」，是指靜觀變化，等事情發展到有利於自己的方向，才相機採取行動，趁勢從中取利。日趨激烈的商戰中，若想少花本錢，多賺利潤，這條「隔岸觀火」的計策，絕對不可不學、不能不用。

商戰筆記

- 莽撞可能造成大錯，所以應等事情發展到確實有利於自己的方向時，才抓準機會、採取行動。
- 競爭對手遭遇困境或危險時，該怎麼辦？最好、最省力的方法便是按兵不動，隔岸觀火。

「看」出生意躲在哪裡

只要具備敏銳的眼光，就能看出生意。以逸代勞，坐收漁翁之利，這正是「隔岸觀火」策略在商戰中的精采運用。

你相信嗎？光憑著「看」，也能看出生意！當然這需要具備敏銳的眼光，從混亂當中看出可乘之機。

中國改革開放之初，經過連年生產研發，生產彩色電視機的技術已經有長足進步，但仍不足以完全滿足顧客的需要，必須借助國外廠商的力量，例如引進彩色顯像管生產線等等。

於是，一些大城市如瀋陽、上海、南京，都紛紛與外商展開洽談。

但是，洽談進展卻始終無法順利，因爲外商知道對方有求於自己，全都大擺架子、敲起竹槓。

衡量情況後，中國政府做出決定——統一採用聯合對外的方法招標，由國家電子工業部全權負責。

這方法果然巧妙，原本在個別尋求引進單位之時，一直無法將價格壓下，改爲聯合招標後，立刻將競爭對手數量增加到十多個，且各具有不可小覷的實力，如日本的東芝、日立、松下、新力，荷蘭的飛利浦，香港的路得斯，美國的無線電公司……等等。

這些廠商爲了得標，爭相壓低價錢，並提出各種優惠附加條件，從而使中方得到「兵不頓，利可全」的效果。

具體剖析，可以發現至少有以下三個好處：

第一、單獨承包時，外商報價多在三．四億美元上下，但統一對外後，成交金額降至破天荒的一．六億美元。

第二、過去所引進，多半只是一般生產技術，統一對外後，不僅能引進產品開發技術，還包括了工程設計技術和設備製造技術，進而提高了中國大陸彩色電視機的生產製造水準。

第三、過去，產品根本沒機會外銷，因爲外商不願意接受，但在統一對外交涉後，所有得標公司都不再強硬堅持過往的立場。

比別人早一步看出商機，然後以逸待勞，坐收漁翁之利，這正是「隔岸觀火」策略在商戰中的精采運用。

商戰筆記

- 培養、訓練一雙敏銳的眼睛，就可以從混亂中「看」出商機。
- 真正厲害的高手會斟酌情勢、對症下藥，發揮「隔岸觀火」本領，輕鬆取得成果，坐收漁翁之利。

資訊快一步，業績前進一大步

經商之計在於看出商機，發揮自己的長處和特色，讓別人心甘情願掏腰包，切忌只會設陷阱，而不懂尊重顧客，更不曉得適時改進自己。

現代社會已經進入資訊時代，能洞燭商機所在，比別人更快一步，就能在競爭中取得優勢。

市面上零零碎碎的商品目錄看似沒有什麼價值，但是如果能換個角度觀看，換個思路思考，如果能把所有零零碎碎的商品資訊全都有系統地蒐集起來，然後加以妥善地整理，同樣能夠產生價值，再進一步發揮情報的威力。

以前有個日本青年企業家青木泰樹，在名古屋市東區後町設立了一個ＣＩＣ目錄情報中心公司。這間公司除了全力蒐集全世界十萬多份涵蓋各種商品的目錄，另外還搜集商品樣本、各公司出版的產品小冊子、商品影片，再把經濟新聞、週刊、月刊中有關產品的資料加以分類整理之後，提供給會員利用。

誰都料不到，一般人不放在眼裡的商品目錄，經青木泰樹蒐集、整理、編排之後，竟成了寶貴資訊，讓他賺進一筆不小的收入！青木的經營採會員制，廠商會員的會費是一年二．四萬日元，個人會員的會費則是一年一．二萬日元。只要繳過會費，就可以自由利用CIC公司收集的豐富資料。

此外，會員中如有生產新產品，情報中心也會優先將相關訊息免費刊登於《商品目錄情報快報》上。

該快報固定兩個月發行一次，寄給會員閱覽，讓他們得以迅速而有效地獲悉所有新上市商品的資訊。

假如某企業需要購買一項商品，或打算要推出新產品，只要借助情報公司完整而豐富的資料網絡，進行蒐集或宣傳，就能立即得到滿意的結果。

由於CIC公司的樣本齊全、速度快，而且服務周到，所以即便本身有專門調查部門以及充分人力，可以自己搜集商品目錄進行研究的大企業，也同樣願意利用

ＣＩＣ公司的資料。

企業一旦入會，就等於擁有一個資料完整的情報部門，因此，日本各大小企業差不多都成了ＣＩＣ公司的客戶，青木先生的生意自然越來越好。

經商之計在於看出商機，發揮自己的長處和特色，讓別人心甘情願掏腰包，切忌只會設陷阱，而不懂尊重顧客，更不曉得適時改進自己。

商戰筆記

- 任何不起眼的小地方，都可能藏有商機。
- 有專長、有特色，才能夠引起消費者注意，進而花錢購買產品。

第10計 笑裡藏刀

不跟對手硬碰硬，不表現出盛氣凌人的樣子，

而要以表面的微笑與柔弱包裝企圖心，

壓制力量比自己更強大的敵人。

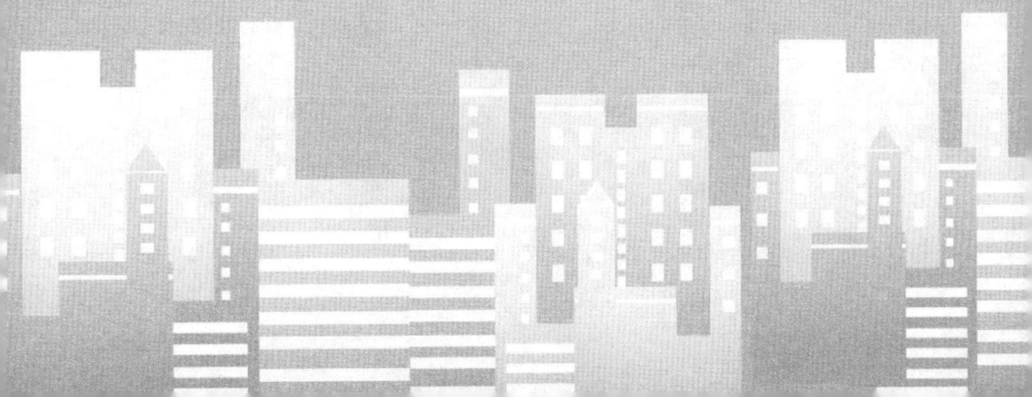

【原文】

信而安之，陰以圖之；備而後動，勿使有變。剛中柔外也。

【注釋】

信而安之，陰以圖之：陰，暗地。圖，圖謀。全句意思爲：表面上使對方深信不疑，從而安下心來，暗地裡卻另有圖謀。

備而後動，勿使有變：備，這裡指充分準備。變，這裡指發生意外的變化。

剛中柔外也：表面上軟弱，內裡卻很強硬，表裡不相一致。

【譯文】

設法使敵方相信我方是善意、友好的，從而不加戒備。我方則暗中策劃，積極準備，伺機而動，不讓敵方有所察覺而採取應變的措施。這是一種殺機暗藏、外表柔和的計謀。

【計名探源】

笑裡藏刀，原意是指那種嘴上帶笑、心裡藏刀的做法。此計用在軍事上，是運用政治、外交上的僞裝手段，欺騙麻痹對方，掩蓋己方的實際行動，是一種表面友善而暗藏殺機的謀略。

《孫子兵法》上說：「敵人言辭謙遜，其實正在加緊備戰；沒有條約前來媾和的，定是不懷好意。」

凡是敵人的花言巧語，都可能是使用陰謀詭計的表現。運用這個謀略的人，「笑」的方法很多，有的屈以求和，有的阿諛奉承，有的故作孱弱……最終目的都是爲了「藏刀」。當然，同陣營內，也有人爲了達到個人目的，採取這種手段。

戰國時期，秦國爲了對外擴張，奪取地勢險要的崤山、河東一帶，派商鞅爲大將，率兵攻打魏國。

商鞅大軍直抵魏國吳城，吳城是魏國名將吳起苦心經營之地，地勢險要，工事堅固，正面進攻很難奏效。商鞅苦苦思索攻城之計，得知守將是與自己有過交情的魏國公子印，心中非常高興，馬上修書一封，主動與之套交情，信中說：「雖然我們倆現在各爲其主，但念及我們過去的交情，還是兩國罷兵，訂立和約爲好。」

信中念舊之情，溢於言表，還提出約定時間會談議和大事。信送出後，商鞅擺出主動撤兵的姿態，命令秦軍前鋒立即撤回。

公子卬看罷來信，又見秦軍退兵，非常高興，馬上回信約定會談日期。商鞅見他已鑽入了圈套，暗地在會談之地設下埋伏。

會談之日，公子卬帶了三百名隨從到達約定地點，見商鞅帶的隨從很少，而且沒帶兵器，更加相信對方的誠意。會談氣氛十分融洽，兩人重敘昔日情誼，表達雙方交好的誠意。

會談後，商鞅還擺宴款待公子卬。公子卬興沖沖入席，還未坐定，忽聽一聲號令，伏兵從四面包圍過來，他和三百隨從反應不及，全部被擒。商鞅又利用被俘的隨從賺開吳城城門，佔領吳城，魏國只得割讓西河一帶，向秦求和。

帶著微笑，使出絕招

無論在商場上或是生活中，戴上看似温和優柔、柔順依人的面具，採用不具威脅與殺傷力的行為方式，對自己好處多多。

《孫子兵法．軍形篇》說：「善戰者立於不敗之地，而不失敵之敗也。是故勝兵先勝，而後求戰；敗兵先戰，而後求勝。」

古代善於行軍作戰的軍事家，都不會錯過任何打敗敵人的良機，也不會坐待敵人自行潰敗。商戰之道更是如此，必須具備一定的競爭謀略，想要獲得輝煌的勝利，就必須從混亂中看準有利的機會迅速出手，如此方能爲自己牟取最大的利益。

如果你想成爲一個出色的經營者，不妨先檢討一下過往的得失。想想，自己是否常犯以下兩種錯誤：

• 不會「裝」樣子給人看，甚至以為握過了手就是好朋友。要知道，很多人都懂得裝出笑臉，親切地握著「敵人」的手。

• 一五一十地把真實想法寫在臉上，擺在桌子上，巴不得全世界都知道。這是一種相當危險的習慣，想保護自己，千萬記得把該藏的「寶貝」藏好，否則一定很快就被算計。

「笑裡藏刀」是貶義詞，但現實社會中，這樣的人相當多，誰免不了得和這一類對手打交道。

此時，切忌擺出一張不屑的臉，反而應該同樣回敬一個又大又甜的笑，讓對方高興得不得了，降低對你的戒心，然後你就能順利使出更高妙的絕招。

但千萬記住，一定要做到笑裡有「謀」，最後才能見眞效。

一個成功的商人，應該隨時保持十分友好、充滿誠意的言談外表，使對手放心，甚至看輕，從而減低戒備，自己則進行暗中策劃，積極準備，伺機而動。

外示友好、內藏心機，是相當聰明的謀略。

無論在商場上或是生活中，戴上看似溫和優雅、親切友善的面具，採用不具威脅與殺傷力的行爲方式，對自己好處多多。

如此，一來可以隱蔽圖謀，暗地裡爲打算採取的各種計策做準備，二來可以使諸多強悍、優越的競爭對手掉以輕心，最後只得接受失敗的現實，以憤怒和懊惱回應你的驕傲微笑。

商戰筆記

- 想要做好生意，就該隨時保持看起來一張親切、友善的面孔，無論潛藏於內心的真正想法究竟為何。
- 保持笑容除了可以拉攏顧客，更可以有效降低對手的警戒心。

以柔克剛，微笑可以勝剛強

不跟對手硬碰硬，不表現出盛氣凌人的樣子，而要以表面的微笑與柔弱包裝企圖心，壓制力量比自己更強大的敵人。

老子曾說過一句名言：「柔弱勝剛。強大處下，柔弱處上，天下柔弱莫過於水，而攻堅者，莫之能勝。」

老子善於以水比喻柔弱的事物。水流在遭遇外力壓迫時，會屈服而退讓，流入新河道，但只要等到合適時機，就會慢慢滲透，最終重新形成一股強大力量，猛烈沖出河岸。

談判也是這樣，先後退示弱，藏而不露，繼之傾聽、揣摩，再慢慢試探，最終達到目的。日本商人向來擅長於操弄這種策略，所以在進行商業談判時，若是進展太快，派出的代表反而會遭老闆解雇。在他們看來，這是缺乏堅忍且不懂得深謀遠慮的表現。

許多年以前，日本亞細亞航空公司曾派出代表，與美國一家航空公司針對採購事宜進行商務談判。從一早八時開始，美方代表花了整整兩個半小時的時間，鉅細靡遺地介紹本身的產品，並透過短片展現三架噴射客機凌空的雄姿，一心想藉此提高標價。

終於告一段落後，那位經理洋洋自得地問：「覺得怎麼樣？」

其中一位日本人露出微笑，很有禮貌地回應：「我們還不瞭解。」

美方經理頓時一怔：「不瞭解？哪裡不瞭解呢？」

另一位日本人也同樣彬彬有禮地說道：「所有的地方。」

經理再也坐不住了，自信心明顯受到打擊，大聲地說：「怎麼可能？明明都說清楚了。」

第三位日本人笑著開了口：「請再做一次讓我們看看。」

經理的滿腔期望與熱情瞬間被沖淡，萬萬料想不到所有自豪的優勢竟然起不了作用，原先凌人的氣勢頓時銳減。

日本人見機不可失，周旋一番後提議說：「不能把價格問題擺在最後嗎？」

「好吧！」

由於既惱怒又頗受挫敗，經理無奈地同意轉移話題，雙方改就第二點進行談判，雖然花費很多時間，總算達成協定，接著又繼續討論第三點……

最後，終於接近尾聲，五項條約中已有四項取得一致意見，不得不涉及最敏感、最重要的價格問題了。

美方經理臉上終於露出笑容，認爲可以輕鬆一下，因爲在他看來，整個談判馬上就要結束，自己一定可以掌控局面，所以高興地說：「相信你們都同意我方提出的價格非常合理，對吧？」

想不到，日本人竟毫無表情地搖頭：「很抱歉！不管怎麼說，價格都不可能妥協，這一點，我們非常堅持。」

可以想像，聽到這句話，那位美方經理的感受該有多沮喪、多尷尬。

日本代表的意思相當明白，如果美方繼續堅持原價，交易便會告吹，他們將失去所有已投入的時間與資金，必須重新尋找生意夥伴，轉而謀求與其他公司建立買賣關係，這是相當不划算的！

經過反覆考慮，最終，美方經理同意將價格降低，狼狽地結束談判。

毫無疑問，日本人在故事中所採用就是「外柔內剛」策略。不跟對手硬碰硬，不在一開始便表現出盛氣凌人的樣子，以表面的微笑與柔弱包裝企圖心，細心捕捉機會，從而一舉壓制力量比自己更強大的敵人。

商戰筆記

- 「以柔克剛」絕非空談，其中蘊含的智慧值得好好研究、揣摩。
- 遇上盛氣凌人的對手，不妨換個方式，用聽來溫柔的口氣與有禮貌的言語包裝，不動聲色地踩住對方的弱點，挫挫他的銳氣。

好意，是為了挖出商業機密

事實上，親切往往隱藏著不可告人目的，歸根究柢，就是想摸清對方的底細，挖出有價值的商業機密。

中國的陶瓷、工藝製品向來在國際上擁有很高的評價，其中精緻漂亮的「景泰藍」更是赫赫有名。

「景泰藍」又叫作「銅胎掐絲琺瑯」，是北京知名的特種工藝品之一。據說最早出現於唐代，但直到明朝景泰年間才廣泛流行，清代以後，更是聲名大噪，遠銷國外。它的製作過程非常精細繁複，共要經過打胎、掐絲、點藍、燒藍、磨光、鍍金等等，其中最複雜細緻當屬「掐絲」和「點藍」兩種技藝。成品種類涵蓋了瓶、碗、盤、罐、煙具、檯燈、獎盃……等。

「景泰藍」三字幾乎無人不知、無人不曉，每年出口量非常龐大，也一直備受中外人士喜愛。日本某工藝品製造廠一心想仿製中國的景泰藍，但總是不成功，許多年過去，浪費掉不少時間與資本。

眼看不是辦法，這家工廠決定採用「笑裡藏刀」之計，花錢收買一位華僑，將竊取景泰藍製作技術的任務交給他。這名華僑一抵達中國大陸，立刻和景泰藍的製造廠商取得聯繫，僞裝出一副友善面孔，表示非常希望成爲景泰藍的日本代理商，並允諾將全力推動出口、擴大外銷市場。

當時，由於缺乏商戰經驗，景泰藍工廠的老闆自然把這位華僑看成好夥伴，被他口中所講的美好遠景蒙蔽，不但熱情地接待，還帶他參觀了內部生產線，而且有問必答。想當然爾，這位華僑也不客氣，又是照相，又是攝影，還順道帶了許多成品和半成品回去，說要好好研究在日本推銷的方法。

結果可想而知，他就此一去不復返，音訊皆無。

景泰藍工廠高層還沒摸清楚狀況，更令人震驚的事情發生了——日本竟成功製造出不遜於北京的景泰藍工藝品，且大量投入市場。日本擁有的技術和設備都比大陸更先進，產品自然相當優異出色，中國景泰藍雖不至於完全被取代，但由於完全措手不及，錯失反應時機，一部分市場就此被日本商人用巧計奪去。

在商場上，可以發現一個常態，絕大多數的企業管理者，在接待外國公司經銷人員時，無論生意是否談成，都表現出無微不至的關切與熱情。

你是否想過背後眞正原因？眞的只因爲「禮貌」或者「好客」嗎？

事實上，這種親切往往隱藏著不可告人目的，歸根究柢，就是想摸清對方的底細，挖出有價值的商業機密。所以，在接受別人的關心，或者付出自己的好意時，不妨先停下來，花點時間冷靜而全盤地想一想。別因爲一時不愼落入陷阱裡，後悔莫及。

商戰筆記

- 天下沒有白吃的午餐，這道理放諸四海皆然，尤其在競爭激烈的商場。面對著別人的熱心或善意，千萬不要盲目地全盤皆收。
- 伸手不打笑臉人，別忘了善用「微笑」這個厲害的武器。

學會用「誠信」妝點自己

要說「誠信」兩字真有什麼大學問，其實也不盡然。為顧客著想，努力贏得信賴，說穿了，就這麼簡單。

不少企業界領袖級人士在談及成功經驗時，往往認爲沒有過高之理，說穿了不過就是「誠信」而已。

果眞如此簡單、容易嗎？

放眼世界化學工業，歷來都由美國、德國等先進國家稱雄，直到進入一九八〇年代以後，世界前五十大企業家排行榜上，才第一次出現了華人的名字——台灣塑膠集團董事長王永慶。

大家都羨慕、崇拜王永慶的成就與財富，然而他既非生在富豪之家，也沒有龐大遺產可以繼承，後來獲得的所有傲人成功，都憑藉白手起家，從一個「米店小夥計」開始。

那時，他每天的工作非常簡單，就只需要爲顧客送米。隔鄰也是間米店，生意較好，是由日本人所開設。

各方面條件都吃虧的情況下，如何和日本人一較高下呢？

某天，王永慶突然靈機一動，產生了一個念頭：「顧客的米缸裡往往都還有舊的米，如果再把新米倒進去，舊米就更舊了，這樣可不行。」

於是，他想出了一個有效「推陳出新」的好方法——每次送米時，先幫顧客把米缸裡剩餘的舊米倒出來，將缸底清理乾淨，倒進新米，最後才把沒吃完的舊米放在最上層。

這一出一進，不過增加一個小小步驟，卻出乎意料地受到顧客的歡迎與支持，口碑越傳越廣，名聲越來越大，米店很快興旺起來，壓倒了日本人。

王永慶的做法，就是標準的「以誠待客」。正因爲能夠秉持此一態度，所以擊敗了資本較雄厚的日本人，取得成功。

「誠信」並不容易，若要表現出來，有些地方得注意：

將心比心，從方便顧客出發，從關心愛護顧客出發，必定能使顧客感受到你的眞心和誠意。

• 處處為顧客著想

在大陸經營超級市場的安女士，曾被當地政府評選爲「勞動模範」，原因很簡單，就在於她能把消費者的權益看得比自己的生意更重要。

一次，有位老人挑了一根冬筍，秤出來重六百多克，要價十塊錢人民幣。老人正準備付錢，安女士突然發現裡面生了蛀蟲，馬上向老人說明，徵得對方同意後，把冬筍殼剝去，削掉壞的部分。

因爲處理過後的冬筍重量減輕，所以只需八塊錢即可。

爲此，老人相當感動：「過去的生意人，眼中只看到錢，壞的也要說成好的，現在竟能夠爲顧客著想，實在是太好了！」

雖然少賺了兩塊錢，但顧客的信賴無價。

還有一天下午，一位小朋友拿了十塊錢要來買青菜，安女士見狀，便詳細地詢問了這位小顧客的需求。當她得知青菜是要拿回家給媽媽煮湯之後，就告訴小朋友買四塊錢的量就夠了，多了吃不完反而浪費。

少做了六塊錢生意，卻眞正履行了「童叟無欺」，爲顧客著想的誠意必將在業績和口碑上獲得回報。

・寧可自己吃點虧

一家水果批發公司到外地與果農洽談生意，他們提出的價格適中，條件優厚，但就是談不成功。原來，幾年前也曾經有人來談水果買賣，當時說得天花亂墜，但貨一到手就全變了卦。果農們吃過一次悶虧，害怕再上當受騙，自然不肯輕易相信別人。

幾天後，恰巧颳起一場大風，把許多尙未成熟的水果吹落在地上。眼看是不能賣了，有些果農便提議說，乾脆讓水果公司收購吧！

大家都以爲對方不會答應這虧本生意，可是那家公司的負責人卻欣然允諾，願意以優惠價格全部買進，做成蜜餞和罐頭，並當場付現款。

此舉立刻贏得了所有果農的信任，紛紛與那家公司簽訂合約，表明願意以最低價格優先滿足對方需要的數量。寧願自己先吃點虧，也要設法贏得對方的信任，這家公司果眞藉此手段達到了最終目的。

要說「誠信」兩字眞有什麼大學問，其實也不盡然。爲顧客著想，努力贏得信賴，說穿了，就這麼簡單。

商戰筆記

- 吃虧就是佔便宜——吃點小虧，往往可以得到往後更大的生意。
- 無論如何，都要在顧客面前營造出友善、親切的好形象。讓「誠信」兩個字與自己產生聯繫後，得到的好處必定超乎想像。

口蜜腹劍，步步皆是「鴻門宴」

笑臉和熱情巧妙掩飾了「殺機」，雖然不至於置人於死地，但已成功地誘拐對方上了當。

最難提防的，不是光明正大向你挑戰的對手，而是暗中動手顛覆「搞詭」的敵人，因爲這種口蜜腹劍的敵人實在無從預知，且防不勝防。

但既然選擇了做生意，經營公司，就一定得先學會防人，才能保住自己。同理，如果想要達到目的，也免不了得暗中動點小手腳。

「防人之心不可無」，看完以下的故事，相信必定有所體會。

美國某公司的總經理，爲了一樁十分重要的生意，決定親自前往日本進行商業談判。經過十三個小時的長途飛行，這位總經理感到精疲力盡，於是臨下飛機前忍不住對隨行人員吩咐道：「現在最需要的是痛痛快快地洗個澡，然後好好睡個覺，等一下就直接去旅館吧！」

沒想到才剛出海關，那家日本公司的隊伍早就一字排開站在大廳等候了。一名秘書模樣的小姐上前對美方總經理說：「歡迎到日本來。敝公司總經理已經準備了歡迎晚宴，請一定賞光。」

她一邊說，一邊不停地躬身施禮，盛情實在使人難以推辭，無奈之下，美方一行人只得應允赴宴。

宴會上，不但酒菜十分豐盛，東道主的表現也格外熱情，幾乎動員了公司所有部門的負責人，一個接一個地上前敬酒。這位總經理本就是好飲之人，幾杯黃湯下肚，頓時把原本打算好好休息的念頭全拋到九霄雲外去，喝得相當痛快，直到深夜才醉醺醺地前往旅館休息。

第二天一大清早，美方一行還在睡夢之中，日方便來人敲門，說代表已恭候多時了。這位總經理一聽，頓時驚醒，只得匆匆忙忙起床，在最短時間內洗漱、穿戴完畢，趕到談判桌前。

日方代表準備充分，精神煥發，頭腦清醒，口齒伶俐，美方總經理和他的隨行人員仍酒醉未醒，滿臉倦意，以致於一路被壓著打。

這場談判，最後以日方的勝利告終。

設酒宴招待來者乃人之常情，一般沒有惡意，但日本人在談判前安排的酒宴，與其說是爲了接風洗塵，其實更像「鴻門宴」。笑臉和熱情巧妙掩飾了「殺機」，雖然不至於置人於死地，但已成功地誘拐對方上了當。

商戰筆記

- 面帶微笑是掩飾心機與手段的最好方法，隱藏了自己的「殺氣」，誘使對手一步一步踏入精心設下的陷阱。
- 接受他人的招待千萬得小心，不要讓自己陷於進退不得的「鴻門宴」。

第11計

李代桃僵

「李代桃僵」，就是棄小取大，
先以暫時退讓降低對手的戒心，
從而在不被注意的情況下，
於最佳時機展開反攻。

【原文】

勢必有損，損陰以益陽。

【注釋】

勢必有損：勢，局勢。損，損失。

損陰以益陽：陰，這裡是指局部利益。陽，這裡是指全局利益。意思是：捨棄某一部分利益，使全局得到增益。

【譯文】

當局勢發展到一定要有所損失時，應該犧牲局部來換取全域的勝利。

【計名探源】

李代桃僵中的僵，是仆倒的意思。

此計語出《樂府詩集．雞鳴篇》：「桃生露井上，李樹生桃旁。蟲來齧桃根，李樹代桃僵。樹木身相代，兄弟還相忘？」

本意是指兄弟要像桃李共患難一樣相互幫助，相互友愛。此計用在軍事上，指在敵我雙方勢均力敵，或者敵優我劣的情況下，用小代價換取大勝利的謀略，像是象棋中「棄車保帥」的戰術。

戰國後期，趙國北部經常受到匈奴及東胡、林胡等部侵擾，邊境不寧，趙王便派大將李牧鎮守北部門戶雁門。

李牧上任後，並不備戰，每日殺牛宰羊犒賞將士，只許堅壁自守，不許與敵交鋒。匈奴不知李牧搞什麼名堂，不敢貿然進犯。李牧加緊訓練部隊，養精蓄銳，幾年後兵強馬壯，士氣高昂。

西元前二五〇年，李牧準備出擊匈奴，先派少數士兵保護邊塞百姓出去放牧。

匈奴人見狀，派出小股騎兵前去搶掠，李牧的士兵與敵騎交手後假裝敗退，丟下一些人畜。匈奴占得便宜，得勝而歸。

匈奴單于心想，李牧從來不敢出城征戰，必然是一個不堪一擊的膽小之徒，於是親率大軍直逼雁門。李牧見驕兵之計奏效，兵分三路迎戰。匈奴軍輕敵冒進，被李牧分割成幾處，逐個圍殲。

單于兵敗，落荒而逃，李牧用小小的損失，換得了全域的勝利。

發現危機中的商機

「李代桃僵」，就是棄小取大，先以暫時退讓降低對手的戒心，從而在不被注意的情況下，於最佳時機展開反攻。

懂得用小小損失換取較大的勝利，從危機中發現更上一層樓的商機，才是眞正高明的經營、謀略者。

一位名叫威爾遜·哈勒爾的英國人來到美國，正式落腳定居後，經營起一家製造清潔液的小公司，開始生產一種名爲「配方四〇九」的清潔液。

由於品質相當好，「配方四〇九」很快佔了美國清潔劑產品市場的五%，算是小有成績。

沒想到，正當哈勒爾準備全面擴展「配方四〇九」的勢力範圍時，突然遇上了一個強大的競爭對手——美國寶鹼公司。

這一家公司不僅歷史悠久，實力雄厚，過往以生產「象牙肥皀」聞名全美國。這一回，他們計劃推出新的清潔液「新奇」，對哈勒爾的「配方四〇九」造成了嚴重威脅。

寶鹼公司下定決心，無論如何都要打敗哈勒爾，一舉攻下市場。爲此，他們在命名、包裝和促銷「新奇」時，都投入了比過往宣傳「象牙肥皀」更龐大的資本，進行詳細的市場調查並展開廣告攻勢。

憑藉著雄厚資金，寶鹼公司對勝利充滿了信心。

但任何事情都不是絕對，規模太龐大反而可能造成不利。哈勒爾判斷寶鹼公司會因爲過分自信，忽視他正進行的行動，於是決定利用小公司靈活多變、行動迅速的特點，打一場游擊戰。

他一方面改變了「配方四〇九」的外包裝，用以迷惑對手，另一方面派出員工展開調查，蒐集相關情報並進行市場預測。

打聽到寶鹼公司選擇丹佛市作爲第一個測試市場後，便馬上利用小公司行動迅速的特點，立即中止了「配方四〇九」在丹佛市的一切促銷活動。

這一招果然奏效，剛展開試賣的「新奇」清潔液頓時暢銷，消息傳回寶鹼公司總部，上至老闆下至員工，無不為之得意洋洋，當即決定調撥大批「新奇」清潔液，一舉投入丹佛市場。

白白把生意拱手讓人，哈勒爾的葫蘆裡，究竟在賣什麼藥？

寶鹼公司以為勝利在望，卻沒料到自己正踏入對手設下的陷阱。哈勒爾眼見時機成熟，當即果斷地展開反擊，趕在「新奇」清潔液大量湧入丹佛市之前，斷然宣布展開削價戰——仍在市場貨架上流通的「配方四〇九」，全部以逼近成本的破天荒優待價格銷售。

雖然留在丹佛市的貨量不多，但已足夠讓愛撿便宜的消費者一次購足，等寶鹼公司正式派大軍湧入丹佛市促銷「新奇」清潔液時，市場早就飽和，不允許他們以原先制定的價格銷售了。

即使寶鹼公司進行促銷優惠，為時也晚，因為「配方四〇九」已經將這塊大餅一點不漏地完全吃下。

這個例子中，哈勒爾所採用的就是「李代桃僵」之計，棄小取大，先以暫時退讓降低對手的戒心，從而在不被注意的情況下，於最佳時機反攻。

爲了成功反擊，爲了替往後的發展鋪路，在遭遇挑戰時，不妨選擇暫時退讓，養精蓄銳，瞄準對手的弱點再重新開始。

商戰筆記

- 懂得用小小損失換取較大的勝利，從危機中發現更上一層樓的商機，才是真正高明的經營謀略。

以局部利益換取全盤勝利

當戰局發展不如預期，必然有所損失時，要捨得放棄局部，以求換取最終的全局勝利。

經商所要注意並追求的，不是如何將損失減低到完全沒有，而是如何能以付出最小損失，換取最大利益。

相信大家都知道，在商場上，任何事情的進行絕不可能一帆風順，更不可能總是心想事成，有時狀況演變會不盡如人意，甚至惡化到超乎想像的地步，面臨必須棄卒保車的困境。

這時，該怎麼辦？該如何正確抉擇？

這是公司經營中常常出現的問題，任何人都可能碰到。

而毫無疑問，這個時候，你必須忍痛割愛。

將該放棄的放棄，該保留的保留，才是聰明的做法。若總是奢望著兩全其美，往往會導致兩頭落空，造成更大的損失。

精明的商人當然免不了斤斤計較，但更要懂得在大局上看得開、放得開，因爲宏觀、果斷，才能帶來更大發展。

想想，自己是否曾犯下兩種錯誤？

- 不捨得放棄眼前一點芝麻綠豆大的好處，拚命與人討價還價，各不相讓，鬧得臉紅脖子粗，結果最後雞飛蛋打，什麼都得不到。
- 不明白利潤是慢慢賺來的，不是一下子撈來的，更不可能從天上掉下來。無論做什麼事，都要以穩妥為重，別因貪婪而躁進、冒險。

當戰局的發展不如預期，必然有所損失時，要捨得放棄局部利益，以求換取最終的全局勝利。

這是兵法，更是商戰中值得運用的謀略。

既然是「競爭」，就必定有輸有贏，因而有時難免處於不利。這個時候，你會如何應對、解決？

擺脫困境的有效辦法之一，就是盡可能以最少的損失，換取最大的效益，並對「代桃而僵」的「李」施以相對應的補償，使之繼續爲企業所用。

商戰筆記

- 斤斤計較未必好，很多時候，明快果斷才能贏得更大發展。
- 無論做任何事，都要以穩妥、安全為第一，切忌好高騖遠、貪婪躁進。
- 經商所要注意並追求的，不是如何將損失減低到完全沒有，而是如何能以付出最小損失，換取最大利益。

用創意帶動向上飆漲的業績

想要取得勝利，就不能缺少創意與運用謀略的膽識，否則必定白白浪費可能有大好發展的難得機會。

大家都在做生意，都想奪取市場，如果不設法提升自己的創意，不懂得運用謀略，必定難以獲利。

運用創意，還必須搭配以「膽識」，看見別人看不見的大好機會，嘗試別人不敢嘗試的絕妙方法。

已故的日本松戶市市長松本清，從政之前曾經是個生意人，以開創「馬上辦服務中心」而名噪一時。

此外，他還擁有許多家連鎖藥局，名爲「創意藥局」。

說起「創意藥局」的崛起，也是一段很有意思的故事。

在藥局初開幕時，爲求迅速打響知名度，吸引大量顧客上門，松本清決定將某種原價兩百日元的膏藥，以八十日元的賠本價格賣出。

由於八十日元的價格實在太便宜了，「創意藥局」一開業便如願引起大衆注目，日日生意興隆，門庭若市。

但這樣眞的划得來嗎？

賠本買賣究竟可以支撐多久？

確實，以不顧血本的方式銷售膏藥，賣出的量越大，損失也就越高，但綜觀整間藥局的總營業額，仍有相當豐厚的盈餘。

原因其實很簡單，因爲凡登門購買膏藥的人，因爲價格便宜，幾乎都會順便多買點其他藥品。

就靠著從其他藥品上賺得的利潤，不但彌補了賠本賣出膏藥的虧損，同時也打響「創意藥局」名號，建立起口碑，帶動整體業績向上提高。

這就是松本清的「創意思維」，而毫無疑問的，他成功了。

想要取得勝利，就不能缺少創意與運用謀略的膽識，否則必定將事情搞得一場糊塗，白白浪費可能有大好發展的難得機會。

商戰筆記

- 不可否認，對任何一間商店、任何一種商品來說，「價格」都是可供利用以殺出重圍的武器。
- 運用創意，還必須搭配以「膽識」，看見別人看不見的大好機會，嘗試別人不敢嘗試的絕妙方法。

與人爭戰，最怕捨長就短

與對手爭戰，最怕便是捨長就短，避優取劣，盲目闖入生疏的經營領域，與早已「駕輕就熟」的同行競爭。

《孫子兵法．九地篇》有一段話這麼說：「依九地之變，屈伸之利，人情之理，不可不察。」

意思是：在變動不羈的競爭環境中，一個英明的領導者必須根據不同的情勢，採取相應的作戰方針，不管伸縮、進退，都應該進行客觀的評估，如此才能獲得勝利。千萬不要錯估形勢，讓自己一敗塗地。

近年來，每一位經營者，都感受到了較以往更形激烈的競爭壓力。

面對越形激烈的市場，一味固守傳統已經無法繼續立足，在對手包圍、壓迫下，唯有針對現況尋求突破點，才能有效壯大自己。

長力公司是日本最早開發新品種電子縫紉機的大公司，因爲研製出電子針箱式縫紉機，銷量雄踞國內市場同類產品榜首。然而，對手蛇目公司推出記憶型電腦縫紉機後，形勢便急轉直下。

長力公司最有開發新產品的技術實力，但卻因爲一時受挫而退縮，自動放棄高檔電子縫紉機市場，不顧大環境趨勢，轉而發展需求早已飽和的通用型家用電器產品，從而導致企業週轉陷入困境。

結果長力公司因爲一千一百二十億日元的高額負債，被迫申請破產。

與之相反，蛇目公司則堅定不移、竭盡全力在電腦縫紉機領域上開發新技術，平穩地走向興旺發達。

《孫子兵法．九變篇》說：「是故智者之慮，必雜於利害，雜於利而務可信也，雜於害而患可解也。」

聰明的人在考慮問題、制定謀略的時候，一定要兼顧利與害這兩個方面。既要充分考慮到有利的方面，同時也要考慮到不利的一面，保持清醒的頭腦。

不同企業自有不同的實際情況，但無論市場如何變化，都必須精確定位自身發展，以求抓住時機，充分發揮長處，與對手爭戰。最怕的便是捨長就短，避優取劣，盲目闖入生疏的經營領域，與早已「駕輕就熟」的同行競爭，最終處處不討好，落得失敗下場。

商戰筆記

- 既然要競爭，當然得設法贏得戰爭。一定要先弄清楚己方的優勢與劣勢，找出真正可以得勝的契機，不打沒有把握的仗。
- 「捨長就短，避優取劣」是最大忌諱，在對手最擅長的領域與之競爭，只會讓自己更處於不利。

把危機變成商機

與其說成功的企業家是因為遇上了好機會，倒不如說是他們善於把遇到的所有困難轉化為新機會。

常言道：「賣飯的不怕大肚漢，賣傘的就盼雨綿綿。」專門販賣「家畜飼養設備」的商人，當然希望飼養乳牛的農民越多越好。可是，荷蘭一家專賣飼養設備的GM（蓋斯科因．梅洛特）公司，卻遇上了始料未及、完全相反的情況。

二十世紀後期，歐洲經濟共同體牛奶產量每年遞增二％，大大超過了消費者的需求。所有多出來的乳量匯集之後，簡直可用「牛奶湖」來形容。爲了限制牛奶增產，穩定價格，歐共體採取增加稅收的嚴厲措施以抑制，立刻使得荷蘭原有的十多萬飼養戶受到衝擊。

不少生產畜產設備的企業因此倒閉，GM公司儘管歷史悠久，在歐洲素有口碑，大量產品也積壓在倉庫裡銷不出去，岌岌可危。

就在這生死存亡的關鍵時刻，新經理勃勞沃走馬上任。

勃勞沃出生於荷蘭農家，父親早逝，很小就得幫助母親經營農場。自農學院畢業後，他又繼續進修，獲得商業碩士學位。

接任經理職位，第一要務就是仔細衡量現況，找出改善經營困境的方法。他認爲，由於減產限量，迫使養牛戶必須設法降低成本，以減少支出昂貴的勞動力，將更依賴自動化程度高的設備。

因此，企業的唯一出路，就是把電子技術與傳統機器結合。

深知電子技術非自身所長，勃勞沃千方百計設法併購一家瀕臨破產的電子企業，卻遭到英國持股人反對，雙方僵持不下。考慮再三之後，勃勞沃不顧可能被辭退的風險，毅然先斬後奏，買下那家電子企業。

誰知，新產品還沒能夠開發出來，歐共體又決定更進一步全面實行農產品「生產配額制」，對超產牛奶徵收極爲繁重的「超產稅」，如此一來，養牛戶登時面臨更艱苦困境，連帶將GM公司再推向危險邊緣。

與其說成功的企業家是因爲遇上了好機會，倒不如說是他們善於把遇到的所有困難轉化爲新機會。

困境中，勃勞沃看到的不是黑暗與絕望，而是荷蘭畜牧業的變化與轉機：原本荷蘭有十六萬養牛戶，如今只剩下五．四萬戶，減少了三分之二，雇工人數不到一千人，但每戶養牛數卻從平均十．四頭增加到四十一頭。

透過這些數字，可以看見什麼商機呢？

很明顯，養牛戶們需要的，不再是過往依賴大量人工的低效率飼養和擠奶設備，而是高效、自動化的新設備。

勃勞沃更加堅信產品電子化的方向沒有錯，於是不惜一切，堅持原定的企業發展方向，並成立控股公司，全力研發新技術與產品。

事實證明了他的過人遠見，GM公司生產的電子化設備深受養牛戶歡迎。只要爲乳牛掛上一個牌子，電腦就會自動記錄牠的進食時間與食量，還能控制給料量；電子柵欄可以驅趕乳牛排隊進入擠奶房，並進行自動擠奶，到適當程度即停止，擠出的牛奶則透過管線直接流入冷卻罐。擠奶同時，電子顯示器還能幫助牧場主人了解乳牛的身體狀況。

後來，GM公司不僅成功突破經營困境，還在西德、法國、英國、奧地利、比利時、愛爾蘭等地成立分公司，於中東、北非、東南亞也有大量出口，甚且遠銷至中國，擁有傲視同業的過人業績。

商戰筆記

- 困難的反面，就是發展的新機會，端看用什麼樣的角度加以衡量。
- 懂得把握機會還不夠，真正出色且成功的企業家，會從困境中開創機會。無論環境多險惡，都不代表無法東山再起。

第12計

順手牽羊

所謂機會，帶有一定的偶然性，往往稍縱即逝。

精明的人，一旦順手「牽」到機會，

就會以最快的速度開發、利用它。

【原文】

微隙在所必乘，微利在所必得。少陰，少陽。

【注釋】

微隙、微利：指微不足道的間隙，微小的利益。

少陰，少陽：陰，這裡指疏忽、過失。陽，指勝利、成就。

【譯文】

敵人出現再小漏洞也必須乘機利用；再微小的好處，也要極力爭取。要把敵人的小漏洞，變為我方的小勝利。

【計名探源】

順手牽羊是看準敵方出現的漏洞，抓住薄弱點，乘虛而入獲取勝利的謀略。指揮作戰時要善於創造、捕捉戰機，以積極的手段扭轉事態。

《孫子兵法》說：「兵以詐立，以利動，以分合為變者。」《六韜》也說：「善戰者，見利不失，遇時不疑。」都是強調：善於指揮戰鬥的人，要適時捕捉戰機，乘隙爭利。

西元三八三年，前秦統一了黃河流域，勢力強大。前秦國主苻堅坐鎮項城，調集九十萬大軍，打算一舉殲滅東晉。

苻堅派其弟苻融爲先鋒攻下壽陽，初戰告捷。苻融判斷東晉兵力不多並且嚴重缺糧，建議苻堅迅速進攻東晉。苻堅聽從建議，不等大軍齊集，立即率幾千騎兵趕到壽陽。

東晉宰相謝安得知前秦百萬大軍尚未齊集，決定抓住時機，擊敗敵方前鋒，挫敵銳氣，於是派謝石爲大將軍統兵出征。

謝石先派勇將劉牢之率精兵五萬強渡洛澗，殺了前秦守將梁成。劉牢之乘勝追擊，重創前秦軍。謝石率師渡過洛澗，順淮河而上，抵達淝水一線，駐紮在八公山邊，與駐紮在壽陽的前秦軍隔岸對峙。

苻堅見東晉陣勢嚴整，立即命令堅守河岸，等待後續部隊。謝石感到機會難得，只能速戰速決。

他決定用激將法激怒驕狂的苻堅，派人送去一信，說道：「我要與你決一雌雄，如果你不敢決戰，還是趁早投降爲好。如果你有膽量與我決戰，你就暫退一箭之地，讓我渡河與你比個輸贏。」

苻堅看信後大怒，決定暫退一箭之地，等東晉部隊渡到河中間再回兵出擊，將晉兵全殲水中。不料，此時秦軍士氣低落，撤軍令下，頓時大亂。

秦兵爭先恐後，人馬衝撞，亂成一團，怨聲四起。這時指揮已經失靈，苻堅幾次下令停止退卻，但如潮水般撤退的人馬已成潰敗之勢。

這時謝石指揮東晉兵馬迅速渡河，乘敵大亂之際奮力追殺。前秦先鋒苻融在亂軍中被殺死，苻堅也中箭受傷，慌忙逃回洛陽，前秦大敗。

淝水之戰，東晉軍抓住戰機乘虛而入，是古代戰爭史以弱勝強的著名戰例。

當機立斷，把資訊變黃金

所謂機會，帶有一定的偶然性，往往稍縱即逝。精明的人，一旦順手「牽」到機會，就會以最快的速度開發、利用它。

透過任何資訊，都可能發現值得開發的商機，到底能不能掌控並從中得到利益呢？這就得憑藉經營者的創意思維與果決的決斷速度。

有了寶貴的資訊，想到了好的主意，還需要輔以切實可行的經驗措施，才能使願望變成現實，資訊轉爲金錢。

否則，一切將只是空想。

美國佛羅里達州有位商人，注意到那些家務繁重的主婦們，常常得臨時急急忙忙地上街爲嬰兒購買紙尿片，於是靈機一動，決定成立一間「尿片專送」公司。他的做法是，只要一通電話，該公司就可以專程爲顧客把紙尿片送上門，免去了家庭主婦奔波之苦。

送貨上門本不是什麼新鮮點子，但「尿片專送」卻沒有商店願意做，苦尋不著合夥者，爲什麼呢？

原因很簡單，大家都覺得這門生意本小利微，根本沒有利潤可言。

但這名商人不願放棄，既然找不到合夥人，再次靈機一動，他想出另一個好方法，雇用全美國最廉價的勞動力——在校大學生，並讓他們使用最廉價的交通工具，也就是自行車。

此外，他又擴展了原先的專送尿片服務，改爲兼送嬰兒藥物、玩具和各種嬰兒用品、食品，隨叫隨到，只收十五％服務費。

低廉的成本、不斷推陳出新的服務，再加上未經開發的廣大市場，想當然爾，他的生意越做越興旺。

經營者之所以想盡方法以求獲取市場訊息，制定策略，爲的就是要把握機會。

所謂機會，則是指只在某一時或某一地出現的特殊條件，帶有一定的偶然性，往往稍縱即逝。

精明的人，一旦順手「牽」到機會，就會以最快的速度開發、利用它。

商場無情，勝負往往只需瞬間便可以決定，所以「快一步天高地闊，慢一著滿盤皆輸」，這句諺語絕對有一定的參考價值。

商戰筆記

- 在瞬息萬變的商場，創意和效率就是無可比擬的競爭力。
- 透過任何資訊，都可能發現值得開發的商機，到底能不能掌控並從中得到利益呢？這就得憑藉經營者的創意思維與果決的決斷速度。

抓住一閃即逝的靈感

在生活中做個「有心人」，將可受益無窮。要取得商業上的成功，必須憑藉著兩點，就是敏銳的頭腦與足夠的膽量。

「機會」潛伏在生活周遭，有些人不知不覺，有些人雖能看到，卻因為種種原因沒有採取行動。牢牢地抓住商機的人，少之又少。

隨人口增加、科技發展，以及自然資源的日漸匱乏，現代社會競爭異常激烈，各人為求自身生存和發展，無不使盡渾身解數。現實生活中，乍看之下，似乎凡是大腦所能想到的競爭招數都已出盡，然而，無論處在任何領域，仍有人能夠靈機一動，從被忽略的角落裡挖出新招。

這些具有創造力的人並不一定是天才，但無疑相當聰明。他們所面對的啓示很可能很稀鬆平常，別人也能遇到卻總是忽略掉，唯有他們能細心敏銳地留意，並從中迸發難得的火花。

以前在美國，有位名叫米爾曼的女士，發現自己所穿的長統絲襪老是隨著步伐走動而往下掉，看來相當不雅觀，在公共場所更令人尷尬，而且就算偷偷地拉上，也同樣不雅。

她想，有相同困擾的人一定不只自己，於是靈機一動，想出一個想法……

不久之後，米爾曼毅然拿出積蓄，開了一間小店鋪，專門販售能防止襪子滑落的相關用品。

店面不大，每位顧客平均只要花一分半鐘時間，就可以完成現金交易。

米爾曼獲得了令人驚訝且羨慕的成功，分佈在美、英、法三國的分店已超過一百二十家，不過三十幾歲的她，成了名副其實的百萬富婆。

這一切，不過都只從一個點子開始。

想想，爲絲襪總是往下掉而感到煩惱的女士何止千萬？但是能夠「順手牽羊」，從中抓出商機的聰明人卻寥寥無幾。由此可見，在生活中做個「有心人」，將可受益無窮。

很多時候，成功遠不如我們所想像的那般「遙不可及」。

要取得商業上的成功，成爲頂尖的商人，那必須憑藉著兩點，就是敏銳的頭腦與足夠的膽量。

商戰筆記

- 「機會」潛伏在生活周遭，有些人不知不覺，有些人雖能看到，卻因為種種原因沒有採取行動。所以真正能夠「順手牽羊」並且「緊握不放」，牢牢地抓住商機的人，少之又少。
- 想要當個成功的商人，請先設法培養自己的智慧與膽量。

點點滴滴都可以創出商機

「羊」是稍縱即逝的，因而必須加上牽羊人見微知著的洞察力和聞風而動的應變能力，才能換取最大利益。

肚子餓時，用熱水泡上一碗香味四溢的麵來解解饞，是很多人的不二選擇。但卻很少有人知道，大家常吃的「速食麵」、「泡麵」，是從日常生活中得到啓發後，首先研發生產出來的。

三十多年以前，一位名叫安藤百福的台裔日本人，在大阪市開設了一家以銷售加工食品爲主的公司。

每天下班，安藤百福都要乘坐電車，回到位在池田市的自家。

在車站，他經常看到剛下班的人們排著長長的隊，等待購買一碗熱騰騰的拉麵。一開始，安藤對這已經司空見慣的畫面未太留意，但久而久之，他開始思考起一個問題——既然大家都愛吃麵，那我也來做這門生意吧！

因爲買麵需要等候一段時間，對剛下班、疲憊且飢腸轆轆的人來說，實在費時、費力，很不方便，於是安藤又琢磨：如果能做出一種麵，只要以開水一沖就可食用，而且自身附有調味料，一定會受人歡迎。

於是，他買下一台壓麵機，開始研發製作新型的麵條。一開始總是失敗，但他並不氣餒，反倒不斷總結經驗，修正自己的方法。

三年時間過去，安藤終於如願以償，成功研發出理想的「速食麵」。因爲確實爲人們的生活帶來方便，他研發的「速食麵」大受歡迎。一包包「雞肉速食麵」被顧客從超市貨架上取下，而後冒著熱氣、散發著香味，出現在許多家庭的餐桌上。

安藤的速食麵吸引了大衆的目光，銷量飆漲，上市不過八個月時間，累計銷售便達到一千三百多萬包。安藤本人的財產自然也跟著三級跳，從一家小公司經理一躍而爲擁有巨額資產的富商。

安藤得以獲得成功的另一個重要原因，在善於從日常生活現象中發掘人們的潛在需要，並努力生產出可以使人得到滿足的產品。

車站的突發奇想就好比是隻「羊」，而安藤懂得抓住靈感不放，釐清方向後努力以求實踐，徹底將「順手牽羊」精神發揮到極致。

這個故事也告訴我們，「羊」是稍縱即逝的，因而必須加上牽羊人見微知著的洞察力和聞風而動的應變能力，才能將機會徹底利用，換取最大利益。

商戰筆記

- 唯有能真正改善消費者生活的產品，才能打入市場，得到支持。發掘日常生活的潛在需要，就等同找到前景美好的難得商機。
- 「順手牽羊」才能抓住商機，但「羊」是稍縱即逝的，所以必須輔以迅速的行動、決斷力與細微精明的洞察力。

保持警醒的頭腦與心理

與其因為被欺騙而事後懊悔，倒不如隨時保持警醒。無論害人之心可不可有，防人之心都絕對不可無。

俗話說得好，「兵不厭詐」，處在何種場合，面對怎麼樣的對手，都千萬不可放鬆戒心。要知道，無論害人之心可不可有，防人之心都絕對不可無。

一天，一批身著體面西裝、繫著領帶的日本客人，抵達並參訪法國一家著名的照相器材廠。實驗室主任親自接待，不但引領著一行人參觀實驗室，也熱情地回答客人們所提出的各種問題。

這位主任雖然表現得相當親切，可實際上也是一位非常細心、謹慎且精明的人，他擔心這群日本客人的眞正目的是在竊取機密，所以暗中不動聲色地注意著他們的一舉一動。

此時，他忽然發現到異狀，有一位日本客人似乎對剛開發出的新顯影溶液特別感興趣，特地彎下腰觀察，但他的領帶又比一般更長一些，因而隨著俯身的動作，末端便浸入了溶液之中。

乍看是極爲平常的動作，卻沒有逃過這位主任的眼睛。他心想，多麼狡猾啊！如此一來，只須等回去之後，將領帶末端的溶液化驗一下，便等同輕而易舉地獲得了顯影劑的配方。這可不行，一定要想個辦法阻止。

盤算之後，他急忙叫來一位接待小姐，低聲吩咐了幾句。

不一會兒，只見招待小姐拿著一條嶄新的領帶，出現在這位工於心計的日本客人面前，用非常甜潤的嗓音，極有禮貌地說道：「先生，您的領帶弄髒了，爲您換上一條新領帶，好嗎？」

「喔，嗯……好吧！謝謝妳。」

日本客人知道，拒絕對方表現出的好意非但不禮貌，而且還可能引起懷疑。於是只好一邊道謝，一邊慢吞吞將領帶解下。雖未付諸言語，但臉上神情已滿是功虧一簣的惋惜。

與其事後因爲被欺騙而懊悔，倒不如隨時保持警醒，防患所有危害於未然。因爲隨時保持警戒，細心觀察事物，這位法國的實驗室主任成功保住己方優勢，而讓日本客人「順手牽羊」的竊密圖謀落了空。

商戰筆記

- 不管處在何種場合，面對或強或弱的對手，都千萬要保持戒心。俗語說「兵不厭詐」，所以害人之心不可有，防人之心則絕對不可無。
- 為避免讓自身蒙受損失，徒然便宜對手，應隨時保持警醒，防患所有危害於未然，否則有朝一日必定後悔莫及。

從意想不到的角度挖掘財富

OK超市能夠長盛不衰，與飯田勸擬訂出的戰略有極大關係。他常常能從出人意表的角度切入，設計出謀取財富的絕招來。

任何一項商品交易活動中，只有雙方都獲得應得利益的情況下，才能繼續維繫良好的夥伴關係。

讓競爭對手成爲貿易夥伴，這正是「兵不血刃」的最好表現。

有一年，日本通產省招募酒商赴美探查市場，當時二十七歲的飯田勸認爲機會難得，便主動要求自費赴美，參與市場調查活動。獲批准之後，他便一人獨闖美洲大陸，展開歷時四個月的行程。

考察中，目光敏銳的飯田勸意識到，戰後的日本經濟即將復甦，超級市場必定能夠風行，受到顧客歡迎。因此，他決定在日本展開前所未有的嘗試，開創一項新興事業——創辦屬於自己的超級市場。

飯田勸著手創辦超市，首先向父親借款五百萬日元，而作爲交換條件，必須將超市的二十%產權劃歸父親名下。期限只有一年，一年後如不能還本並付清利息，父親將收購飯田勸的超市。

得到五百萬日元之後，飯田勸又採用同樣辦法繼續籌集資金，很快便擁有一筆不算小的資本。經過長時間籌備以後，第一家ＯＫ超級市場終於熱熱鬧鬧地開幕。當時，絕大多數日本人都不知美式超市爲何物，因此ＯＫ超市一開張就賓客盈門，迴響相當熱烈。

可是，不久，意料之外的事情發生了——風光了兩個月之後，ＯＫ超市的業績便開始直線下滑。許多客人因爲不再感到新鮮，便懶得繼續光顧，後來甚至淪落到門可羅雀的淒涼境況。

消費者已經失去了新鮮感，究竟該怎麼做才能扭轉現況？

爲此，飯田勸決定對症下藥，改變經營方向，以「價廉物美」爲最高營銷操作策略，並當作超市的口號，廣為宣傳。

改革後於超市貨架上陳列的商品，售價確實比過往便宜許多。依靠這一招，飯田勸渡過了第一個難關，使超市得以從低谷中翻身，重新發展。

藉「價廉物美」開路，果然迎合了廣大消費者的口味，得到成功。不僅OK超市自此一炮而紅，飯田勸也因而名聲大振。

身為一個成功的企業家，他並不對現有成就感到滿足，而是日夜思索、苦心籌劃，繼續謀求著更上一層之道。

一九八九年，飯田勸再下狠招，指示所有下屬，無論如何必須實現販售商品達到全市最低價的目標。也就是說，如果發現OK超市內的商品售價高於本市其他任何商店，哪怕價差不過一日元，也必須更換標價牌，立即降下來。

在穩住顧客、增加回頭客或者吸引新客方面，還有一手更巧妙的絕招——「OK超市每日特賣」。飯田勸規定，每日都從超市內所出售的一．二萬種商品中，挑選出相當一部分，設立特賣專櫃，以超低價格供應。

由於操弄價格的技術將當高明、巧妙，許多對手都表示嘆服，甘拜下風。

除了在價格上不斷打壓他人，屢出奇招、險招之外，飯田勸同時也在銷售服務方面下功夫，尤其相當重視顧客的意見，總能做到認眞聽取，及時改進。ＯＫ超市所販賣的商品，有數百種都是因爲接受顧客的建議而添加。

ＯＫ超市能夠長盛不衰，與飯田勸擬訂出的戰略有極大關係。他常常能從出人意表的角度切入，設計出謀取財富的絕招。

一九八九年四月，日本政府公告正式實施加値營業稅，連鎖店協會也馬上宣布，決定以外加方式徵收此項稅款。

想不到，他卻獨排衆議，做出指示——爲了確保「物美價廉」的形象，ＯＫ超市必須自行消化加値營業稅，不得以加價方式將負擔轉嫁給消費者。

當然，對於可能面對的損失，也有彌補的辦法，但飯田勸的決定同樣令人驚愕不已。「有一個彌補負擔的好辦法，就是往常免費供應的包裝塑膠袋，今年開始不再提供，而改成收費販賣！」

推動初期，塑膠袋收費規定引發顧客普遍埋怨，但兩個月過去以後，情況開始改變，顧客自備購物袋的習慣逐漸養成，超市塑膠包裝袋的用量比過去同期減少三分之一，按照比例估算，一年省下六千多萬日元開支。

OK超市「價廉物美」的形象，由於不受加值營業稅影響，日益穩固，獲得所有顧客的齊聲稱譽，曾經一度下降的業績很快便回升至原有水準。

近年來，環保熱興起，成爲廣受注意的話題，飯田勸的絕招成爲報刊雜誌等媒體關注的焦點，各界紛紛盛讚他有先見之明，連過往總是唱反調的人，對此先見之明也不得不感到折服。

商戰筆記

- 戲法人人會變，各有巧妙不同。想要從眾多同業競爭者中脫穎而出，就該從別人忽略的、防守最薄弱的角度切入。
- 替自己的公司或產品建立良好的正面形象，可以為業績帶來很大幫助。

第13計

打草驚蛇

「打草驚蛇」並不是慌張莽撞的行為，

事實上，經過深思熟慮以後，可以達到揪出隱患，

讓敵手或害群之馬現出原形的效果。

【原文】

疑以叩實，察而後動；復者，陰之謀也。

【注釋】

叩實：叩，詢問、查究。叩實，問清楚、查明眞象。

復：反覆，一次又一次。

陰之謀：隱密的計謀。

【譯文】

發現可疑情況就要弄清實情，只有偵察清楚以後才能行動；反覆瞭解和分析敵方的情況，是發現陰謀的重要方法。

【計名探源】

打草驚蛇，語出段成式《酉陽雜俎》：唐代王魯任當塗縣縣令，搜刮民財，貪污受賄。有一次，縣民控告他的部下主簿貪贓。他見到狀子，十分驚駭，情不自禁地在狀子上批了八個字：「汝雖打草，吾已驚蛇。」

《孫子兵法·九地篇》說：「敵人開闔，必亟入之。先其所愛，微與之期。踐墨隨敵，以決戰事。」

和敵人鬥智鬥力的時候，發現敵人有可乘之隙，必須立即乘虛而入，而不要洩漏本身的意圖和行動，要打破常規，根據敵情決定作戰方案。

打草驚蛇作爲謀略，是指敵方兵力沒有曝露，行蹤詭秘，意向不明時，切不可輕敵冒進，應當查清敵方主力配置、行動方向再說。

西元前六二七年，秦穆公發兵攻打鄭國，打算和安插在鄭國的奸細裡應外合，奪取鄭國都城。大夫蹇叔認爲秦國離鄭國路途遙遠，興師動衆長途跋涉，鄭國肯定會做好迎戰準備。

秦穆公不聽，派孟明視等三帥率部隊出征。

蹇叔在部隊出發時，痛哭流涕地警告說，恐怕你們這次襲鄭不成，反倒遭到晉國埋伏，只有到崤山去給士兵收屍了。

果然不出蹇叔所料，鄭國得到了秦國襲鄭的情報，逼走了秦國安插的奸細，做好了迎敵準備。秦軍見襲鄭不成，只得回師，但部隊長途跋涉，十分疲憊，經過崤山時，毫無防備意識。

他們以為秦國曾對晉國剛死不久的晉文公有恩，晉國不會攻擊秦軍，哪裡知道，晉國早在崤山險峰峽谷中埋伏了重兵。

一個炎熱的中午，秦軍發現晉軍小股部隊，孟明視十分惱怒，下令追擊。追到山隘險要處，晉軍突然不見蹤影。孟明視一見此地山高路窄，草深林密，知道情況不妙。就在這時，鼓聲震天，殺聲四起，晉軍伏兵蜂擁而上，大敗秦軍，生擒孟明視等三帥。

秦軍不察敵情，輕舉妄動，「打草驚蛇」的結果，終於遭到慘敗。當然，軍事上有時也會故意「打草驚蛇」，引誘敵人曝露，從而取得戰鬥的勝利。

「打草驚蛇」也能達到正面效果

「打草驚蛇」並不是慌張莽撞的行為，事實上，經過深思熟慮以後，可以達到揪出隱患，讓敵手或害群之馬現出原形的效果。

在公司的經營過程中，總不可免會發現一些「疑點」和「破綻」，比如內部管理的問題，市場變化的徵兆……等等。發現問題並不可怕，因爲這樣才能及時對症下藥，眞正可怕的，是發現不了經營過程中的疑點和破綻，待到「病狀」顯露出來時，已經相當嚴重，難以解決。

有時候，爲了及早發現問題，聰明人會採用一種方法，叫作「打草驚蛇」。

「打草」就是發現，「驚蛇」指的是找到問題。

察覺可疑情況，便應該設法弄清實情，在偵察清楚以後採取適當行動。反覆瞭解並分析敵方的情況，是發現陰謀的最重要方法。

所以，換另一種說法，「打草」代表調查，「驚蛇」代表找出隱患。

完全依照市場機制運行的西方工商企業，在面對並處理確定經營方向、選擇生產品種、制定行銷策略、把握細分市場、瞭解競爭對手、認識消費物件等各個重要環節的運作時，都會十分注重調查核實，絕不輕易放過任何疑點，以保證行動的準確有效。

「打草驚蛇」並不是慌張莽撞的行爲，事實上，經過深思熟慮以後，可以達到揪出隱患，讓敵手或害群之馬現出原形的效果。

商戰筆記

- 運作環節中，任何一個地方出問題，都可能牽一髮而動全身，造成嚴重傷害，所以有時候要「打草驚蛇」。
- 只要運用得法，「打草驚蛇」是幫助企業領導者揪出隱患的好方法。

凝聚人氣就能提升買氣

艾科卡成功利用「打草驚蛇」謀略，搶在上市前便有效凝聚了人氣與買氣，掌握銷售前景，一經推出，自然徹底引發並帶動風潮。

一九八〇年代初，爲了使克萊斯勒汽車重振雄風，總裁艾科卡下了一個驚人決定，把「賭注」全押在敞篷車上。

然而在當時，美國汽車製造業已停止生產敞篷車達十年之久。由於能帶來舒適的冷氣機和車上音響對於沒有車頂的敞篷車來說，幾乎毫無意義，導致這種車型爲消費者摒棄，幾乎徹底銷聲匿跡。

雖然預期敞篷車的重新出現會喚起老一輩駕駛人對它的懷念，也能夠引來年輕一代的好奇，但考量到克萊斯勒才剛從連續四年的虧損中走出，再也經不起折騰，爲了保險起見，艾科卡決定採取「打草驚蛇」的試銷方法。

首先，艾科卡請工人製造出一輛色彩新穎、造型奇特的敞篷小轎車。當時正值夏天，他便每天親自駕駛這輛車，在繁華的公路與城市幹道上行駛。相較於周遭形形色色的有頂轎車，這輛敞篷小客車顯得十分與衆不同，立即吸引了一長串汽車緊隨在後。

最後，幾輛按捺不住的高級轎車車主乾脆把艾科卡的敞篷車逼到路旁，緊緊包圍，提出一連串問題：

「這輛車是哪家公司製造的？」

「還是新車嗎？要價多少？」

「你覺得性能怎麼樣？值不值得買？」

對諸如此類的問題，艾科卡全都面帶微笑做了回答，心中對敞篷車的銷售前景也有了初步把握。

爲了進一步驗證，他又把敞篷車開到購物中心、超級市場和遊樂園等地，果眞不出所料，每到一處，都能夠成功吸引群衆的圍觀和探詢。

幾次「打草」之後，艾科卡成功掌握了市場狀況，成竹在胸。

不久，克萊斯勒公司正式宣佈將生產男爵型敞篷汽車，消息一出，馬上接獲來自全美各地的詢問與訂單。

艾科卡成功利用「打草驚蛇」謀略，搶在上市前便有效凝聚了人氣與買氣，掌握敞篷汽車市場的銷售前景，一經推出，自然徹底引發並帶動風潮，狂銷數萬輛，獲得令人讚嘆的成功。

商戰筆記

- 不可否認，「人氣」和「買氣」雖是兩種不同的概念，兩者之間卻有連帶關係，可以互相拉抬、彼此提升。
- 越能夠凝聚大眾的目光，就等同越接近成功。

用點心機，化腐朽為神奇

成功的訣竅，就是抓住機遇，製造新聞，化腐朽為神奇。沒有不可能，只要懂得用心機創造商機。

「打草驚蛇」之計，就商業的觀點解釋，就是主動出擊，透過新聞炒作達成行銷的效果。

新聞媒體並不隨意地傳播社會上的每一件事，它們關注的焦點是新發生的、有報導必要的人和事，尤其是具價值的聳動新聞。對於價值高的新聞，各大機構都會主動前去瞭解、採訪和報導，甚至進行連續追蹤。

所以，企業老闆如果能「製造」出這樣的新聞，一定會對媒體和大眾產生極大的吸引力，從而提高知名度。

所謂「製造新聞」，就是透過某項與衆不同的活動，吸引新聞媒體的報導，以達到廣告宣傳之目的。

製造新聞是一種最有效益又最低成本的廣告策略，往往花費不多，效果卻極好。從另一個角度來說，企業製造新聞也是對衆家媒體的「最大貢獻」，等同提供了「食糧」。

以下，是兩個最好的例子。

一九八八年，天津自行車廠聽聞美國總統布希和夫人即將訪華，有關部門立即提出建議，策劃贈送飛鴿自行車。

爲此，他們抓緊時間，加工裝配了一輛綠白相間的八三型男車和一輛白色的八四型女車，都是該廠不久前才研發出來的新產品，具有造型漂亮、重量輕、騎行便利等多項優點。

一九八九年二月二十五日下午，布希總統和夫人抵達北京，當時的中共總理李鵬和夫人把兩輛色彩明快的輕便飛鴿車贈送給布希總統伉儷。布希夫婦非常高興，仔細看著車子，連聲說：「好極了，好極了。」

布希總統還興致勃勃地跨上車子，在衆多記者面前擺出姿勢，在場的中外記者及時按下快門，拍攝這難得鏡頭。

世界各大通訊社和著名報刊對此一新聞極爲重視，用十幾種不同文字，以「美國總統布希和夫人喜得飛鴿車」、「飛鴿——架起友誼的橋樑」、「布希總統將在白宮騎上飛鴿」……等標題進行報導，新華社也統一發佈消息，使飛鴿的知名度驟然提高。

無獨有偶的，廣東健力寶集團也曾利用美國總統夫人的新聞魅力，使自己的產品大出鋒頭。

那是一九九二年十二月二十日，《紐約時報》刊登了新任總統柯林頓的夫人希拉蕊舉起健力寶暢飲的彩色照片，站在希拉蕊身旁是美國的副總統夫人，與照片同時刊登的還有介紹「健力寶」的文章。

對於任何一種飲料來說，這都是聲名大噪的時機。

照片攝於一九九二年十月一日，那天晚上，柯林頓的造勢大會在紐約港灣一條豪華遊艇上舉行。

活動開始前兩個小時，健力寶美國有限公司總經理林齊曙就和公司工作人員一起到了碼頭，帶去的不是對競選的熱情，而是大批「健力寶」與照相機，以及「外交」事務所需要的耐心與細心。

他們在遊艇上詳細勘察了柯林頓夫人將會經過的路線，確定了可能停留的位置，並選定好拍攝角度。

六點三十分，總統和副總統夫人在大批保安人員的簇擁下登上遊艇，按照慣例，首先會見當地名流和其他客人。

當她們與站在紐約市政府代表旁邊的「健力寶」一行人握手之際，健力寶美國公司的員工不失時機地用托盤奉上幾罐「健力寶」，介紹「健力寶」是中國著名的健康飲品，而林齊曙則立刻向她們各敬上一杯。

就在兩位夫人笑盈盈地舉杯飲用「健力寶」之際，早已等候多時的攝影師立刻按下快門，於是，構成了一張絕佳的宣傳照片。

「打草驚蛇」之計成功的訣竅，就是抓住機遇，製造新聞，化腐朽爲神奇。沒有不可能，只要懂得用心機創造商機。

萬事起頭難，事業成功本就是一段從無到有的過程，只要能抓住商機，就能獲得壯大的轉機。

商戰筆記

- 名人效應的威力非凡，是經商者不該放過的機遇。
- 沒有商機，就用雙手和腦袋自行創造一個行銷產品的絕妙時機。

有野心，更要懂得用計謀

經商手段的狠辣與果斷，以及隱忍靜待時機的重要，凡此種種，都在洛克菲勒的謀略中展露無遺。

德國人梅里特兄弟移居美國後，定居在密沙比，因爲無意中發現密沙比地區富含鐵礦，便將所有的積蓄拿出來大量收購土地，並成立鐵礦公司。

野心勃勃的石油鉅子洛克菲勒雖消息靈通，卻晚來一步，只能眼睜睜看著別人搶走這塊「肥肉」。但他並不死心，決定等待時機，另謀他計。

一八三七年，經濟危機席捲全美，梅里特兄弟的公司同樣陷入困境。上教堂禱告時，兄弟倆將困難全告訴了勞埃德牧師。

勞埃德牧師表現得十分熱情，表示願意助兩人一臂之力，因爲恰巧認識一位大財主朋友，可以代爲出面請求對方借給兄弟倆一筆錢。

透過勞埃德牧師的介紹，梅里特兄弟以比向銀行貸款還低的利息，向那位財主借到四十二萬元。所有手續辦完後，兄弟倆對牧師千恩萬謝，因爲這四十二萬元對他們現下艱難的處境，無異於雪中送炭。

可是，不到半年，勞埃德牧師竟找上門來，嚴肅地要求馬上索回借款。兄弟倆剛將四十二萬現款投資於礦產，怎麼有辦法立即還清？

無奈之下，作爲被告，只得被迫走上了法庭。

原來，他們借的錢，是「考爾貸款」。所謂考爾貸款，即債主可以隨時索回款項，因此利息遠低於一般貸款。根據美國法律，面對債主的要求，借貸人只能選擇立即還款，或者宣佈破產，沒有第三條路。

梅里特兄弟移居美國的時間不長，對於借貸契約欠缺仔細推敲字句的能力。做夢也沒想到，熱心助人的勞埃德牧師誘使他們簽署的字據，竟是一個足以置自身於死地的陷阱，然而後悔已來不及了。

梅里特兄弟宣佈破產後，將礦業公司賣給乘機表態願意接手的洛克菲勒，開價不過五十二萬元。

幾年之後，洛克菲勒卻以一千九百四十一萬元的價格，把密沙比鐵礦的經營與所有權賣給摩根。摩根以爲撿了個便宜，還相當高興，卻不知道背後一進一出之間，洛克菲勒已賺進相當驚人的財富。

經商手段的狠辣與果斷，以及隱忍靜待時機的重要，凡此種種，都在洛克菲勒的謀略中展露無遺。

商戰筆記

- 達到目標的手段有很多，迂迴前進、旁敲側擊也是可以採用的方式。
- 有野心，更要懂計謀，兩者相輔相成，才能成功。

先了解消費，再進行決策

開拓市場之先，必須廣泛收集資訊，以最深入細緻的調查，去了解消費者，傾聽他們的聲音，貼近他們的需要。

美國的肯德基炸雞公司，之所以能在開拓中國大陸市場上獲得成功，很重要的一點，就是能夠在廣泛收集資訊的基礎上，做出準確決策，同時，也巧妙地運用了「打草驚蛇」之計。

起初，肯德基高層指派一名執行經理前往北京考察中國市場。這名經理來到北京街頭，看到川流不息的車輛、熙熙攘攘的人群，非常興奮地向總部回報，說中國市場潛力很大，很有發展空間。可是，當高層再詢問更進一步的具體資料，他卻張口結舌，說不出個所以然。

結果可想而知，這位執行經理因此被降職。

接著，總部又派出另一位執行經理進行考察。這位與上一位的作風大不相同，不再走馬看花，而是實實在在地規劃，精心地進行「打草」實驗。

首先，他親自走訪北京幾條主要幹道，利用一些工具，大致估算出每日每條不同街道的行人流量。再者，因爲當時剛好是暑假，緊接著招聘了一些想要打工賺錢的大學生。這些人的任務，就是在市區設置據點，邀請不同年齡、不同職業的人免費試吃肯德基炸雞，廣泛徵求來自各方的意見。

整個流程是這樣進行的：大學生隨機邀請路人免費到餐廳用餐，品嚐過產品並感受到熱情服務後，便有一名女士開始發問，詢問事項非常細緻，但又不至於讓人產生反感。只需短短二十分鐘，便可以完整收集到客人們所能提供的各種資訊。

結束之前，那位女士還會客氣地拿出印有醒目「肯德基」字樣的紙袋，向每名被訪者送上一袋熱騰騰的炸雞，並輕聲說道：「謝謝您的幫忙，這是小小心意，送給您的家人品嚐。」

經過一連串辛勤工作、詳盡調查，這名執行經理終於掌握了詳細的市場狀況，爲「肯德基」落戶北京，提供了可靠的前提條件。一九八七年，美國肯德基炸雞公司正式於北京開業，靠著鮮嫩香酥的炸雞、纖塵不染的餐具、純樸潔雅的美國鄉村風格店容，以及播放悅耳動聽的鋼琴曲，立刻贏得來往客人的同聲讚許。

肯德基炸雞店開張不到三百天，獲利就高達兩百五十萬人民幣，原本需要五年才能收回的投資，不到兩年就連本帶利賺了回來。一切成果，在在證明了肯德基總部最初用心與出發點的正確——進行大規模試吃活動、廣泛地徵詢眾人意見。

眞正決定生意成敗的因素，在於消費者滿意度。

別怕「打草驚蛇」，因爲開拓市場之先，必須廣泛收集資訊，以最深入細緻的調查，去了解消費者，傾聽他們的聲音，貼近他們的需要。

商戰筆記

- 進佔市場，就是要「打草驚蛇」，吸引所有消費者的注意。
- 傾聽消費者的聲音，貼近消費者的需要，這是開拓市場之先必須做到的兩件事。

第14計

借屍還魂

「借屍還魂」運用於經營活動，

可使已步入頹勢的產品重獲二度青春，

從而達到「化腐朽為神奇」目的，再次佔領市場。

【原文】

有用者，不可借；不能用者，求借。借不能用者而用之，匪我求童蒙，童蒙求我。

【注釋】

有用者，不可借：意爲凡自身可以有所作爲的人，就不會甘願受別人利用。

不能用者，求借：意爲那些自身難以有所作爲的人，往往有可能被人藉以達到某種目的。

匪我求童蒙，童蒙求我：語出《易經．蒙卦》。蒙卦爲周易六十四卦的第四卦，蒙字本義是昧，指物在初生之時，蒙昧而不明白。蒙卦的卦象是下坎上艮。艮象山，坎象水；山下有水，是險的象徵；人處險地而不知避，便是蒙昧。童蒙，幼稚而蒙昧。此句意爲，不需要我去求助蒙昧的人，而是蒙昧的人有求於我。

【譯文】

有作爲的，不求助於別人，難以駕馭控制；無所作爲的人往往要依附別人，只能不斷向別人求助。利用無所作爲的人並順勢控制他，不是我受別人支配，而是我支配別人。

【計名探源】

借屍還魂，原意是說已經死亡的東西，又借助某種形式得以復活。用在軍事上，是指利用、支配那些沒有作爲的勢力來達到我方目的的策略。

戰爭中往往有這類情況，對雙方都有作用的勢力，往往難以駕馭，很難加以利用，相對的，沒有什麼作爲的勢力，往往要尋求靠山。這時候，利用和控制這部分勢力，便可以達到取勝的目的。

借屍還魂是常見的計謀，通常利用沒有作爲或不能有所作爲的人加以控制，例如擁立傀儡或虛奉名號以圖擴張。

秦朝施行暴政，天下百姓「欲爲亂者，十室有五」。大家都想反秦，但是沒有強有力的領導者和組織者，難成大事。

秦二世元年，陳勝、吳廣被徵發到漁陽戍邊，這些戍卒走到大澤鄉時，連降大雨，道路被水淹沒，眼看無法按時到達漁陽了。

秦朝法律規定，凡是不能按時到達指定地點的戍卒，一律處斬。陳勝、吳廣知道，即使到達漁陽，也會因爲誤期而被殺，不如拼死尋求一條活路；同去的戍卒也都有這種思想，正是舉兵起義的大好時機。

陳勝又想到，自己地位低下，恐怕沒有號召力，必須假借他人名號。當時有兩位名人深受人民尊敬：一個是秦始皇的大兒子扶蘇，仁厚賢明，已被陰險狠毒的秦二世暗中殺害，但老百姓卻不知情。另一個是楚將項燕，功勳卓著，威望極高，在秦滅六國之後不知去向。於是，陳勝打出他們的旗號，以期能夠得到大家擁護。他還利用迷信心理，巧妙地做了其他安排。

有一天，士兵做飯時，在魚腹中發現一塊絲帛，上面寫著「大楚興，陳勝王」（這個王字是稱王的意思），士兵大驚，暗中傳開。吳廣又趁夜深人靜之時，在曠野荒廟中學狐狸叫，士兵們還隱隱約約地聽到空中有「大楚興，陳勝王」的叫聲。他們以爲陳勝不是一般的人，肯定是承「天意」來領導大家的。

陳勝、吳廣見時機已到，率領戍卒殺死朝廷派來的將尉。陳勝登高一呼，揭竿而起，自號爲將軍，吳廣爲都尉，攻佔了大澤鄉。後來，部下擁立陳勝爲王，國號爲「張楚」。

運用「借屍還魂」，化腐朽為神奇

「借屍還魂」運用於經營活動，可使已步入頹勢的產品重獲二度青春，從而達到「化腐朽為神奇」目的，再次佔領市場。

想成爲頂尖的商人，不是「有心」就一定能成功，還得配合「智慧」、「努力」以及「環境因素」才行。個性有以下兩種缺陷的人，則無論如何都不可能成爲成功的經營者：

- 一碰到難題或壓力，就馬上成了縮頭烏龜。
- 表面堅強，但內在脆弱。扛不住各種大小壓力的人，就算自立門戶，事業也必定不能長久維繫，遲早得走回頭路，當其他老闆的部屬。

遇到挫折，賠了本，是在商場上打滾不可避免的事情。關鍵不在於如何躲避，而在於如何從厄運中恢復元氣，東山再起。

經歷不了打擊的領導者與公司，必定不能成熟，成不了氣候。

有作爲的人，不求助於人；無所作爲的，求助於人。能從危機之中發現商機並順勢控制它，便不會受別人支配，而是支配別人。

企業若在創業過程中陷於困境，可藉助外力或謀略，以求恢復生機，東山再起。將「借屍還魂」的精神運用於經營活動，可使已步入頹勢的產品重獲二度青春，從而達到「化腐朽爲神奇」目的，再次佔領市場。

商戰筆記

- 適時藉助外力，就更能夠在遭遇打擊後，東山再起。
- 求人幫助未必等同受制於人。不是受別人支配，而是支配別人，讓強大的外力為自己所用，才是「借屍還魂」的真正目的。

自信是最強而有力的武器

福勒的成功，絕大部分可以歸功於他擁有冒險的勇氣與自信。「借屍還魂」雖是好計謀，但在運用之前，必需培養足夠的勇氣。

相信自己會成功，並散發出源源不絕拚搏信心的人，能夠感染其他人，因而更有機會在需要時得到助力。

福勒是美國一位黑人佃農所生的七個孩子之一，由於小時候生活相當清苦，長大後決定選擇經商作爲自己的生財途徑，並全力投入經營肥皀生意。他開始挨家挨戶地出售肥皀，以此維生達十二年之久。

後來，他獲悉供應肥皀的製造公司即將拍賣，售價是十五萬美元，便決定買下這家公司。

憑藉過去十二年奮鬥的一點一滴，他手邊共積蓄了二．五萬美元，但離對方開出的價格仍有好一段距離。

最後，雙方達成協定，他先拿出二．五萬美元作爲保證金，然後在十天限期內付清剩下的十二．五萬美元。如果不能在十天內籌齊款項，就等同放棄購買，並喪失已交付的保證金。

由於信譽良好，福勒除了從私交不錯的朋友那裡借到一些錢，也從信貸公司和投資集團處獲得不少援助。

可儘管如此，和十二．五萬的目標，仍有好一段距離。

福勒回憶道：「眼看著已經用盡了所知道的一切貸款來源，卻還是達不到目標。某天深夜，我在幽暗的房間裡自言自語，怎麼辦好呢？不能認輸，我要驅車走遍第六十一號大街，一定找得到方法。」

深夜十一點，福勒驅車沿芝加哥六十一號大街駛去。經過幾個街區後，他看見一間承包商事務所仍亮著燈光，便停下車，走了進去。

屋裡的辦公桌邊，坐著一個明顯因熬夜工作而疲乏不堪的人。福勒忽然意識到這就是突破困境的機會，而自己必須勇敢。

「你想賺一千美元嗎？」他直接了當地問道。

那位承包商嚇得猛然仰起頭來。「是呀！當然啦！」

「那麼，開給我一張一萬美元的支票吧！相信我，歸還這筆借款的同時，我將另外奉上一千美元的利息。」福勒對那個人說。

爲了增加說服力，他拿出其他借款人名單給這位承包商看，並且詳細地解釋了自己正打算進行的商業冒險，以及所面臨的困境。

那天夜裡，福勒離開事務所時，口袋裡已裝了一張一萬美元的支票。

憑藉這種膽識，他總算在期限之前籌到了需要的全部款項。

這是他創業的開始，以此次成功經驗爲基礎，日後他的商業版圖更擴張到其他七間公司，包括了四間化妝公司、一間襪類貿易公司、一間標籤公司和一家報社，拓展速度相當驚人。

福勒的成功，絕大部分歸功於他擁有冒險的勇氣與自信。不妨設想一下，假如當時沒有尋找到那盞燈光，或者無法鼓起勇氣去向一名陌生人求助，會導致怎樣不同的結果呢？

無疑他將會面臨徹頭徹尾的失敗，無緣擁有日後的財富與光榮。

「借屍還魂」雖是好計謀，但在運用之前，必需培養足夠的勇氣。

商戰筆記

- 沒有勇氣做輔助，就絕對不可能開創任何奇蹟。
- 「天助自助者」，相信自己會成功，並散發出源源不絕拚搏信心的人，能夠感染其他人，因而更有機會在需要時得到助力。

用點心機，才能東山再起

若能將「借屍還魂」之計做得妥善且恰當的運用，將可推動原先前途堪慮的企業東山再起，雄霸一方。

對處於存亡關頭的企業來說，「造勢」是扭轉情勢的機會。若能創造某種聲勢，就可能重新再起。

只要一提起日本SB公司的咖哩粉，消費者無不豎起大拇指，盛讚它使料理變得更加豐盛可口，足見這項產品確實深受顧客喜愛。

但難以想像的是，就在十幾年前，由於產品滯銷，曾爲SB公司帶來入不敷出，幾乎瀕臨破產的窘境。

究竟是什麼樣的力量使這家公司重新復活，由瀕於死地搖身一變，成爲今日飽受稱讚的知名企業？

這一切，都要歸功於當時新上任的總裁K先生。

那個時候，SB公司陷於危境，賣不掉的產品大量囤積、人心渙散，眼看就要解體，新上任的總裁K先生爲此坐立不安，簡直食不知味，夜不成寐。

唯有打開銷路，才可能找到轉機，可是究竟該怎麼做，才能將滯銷已久的產品轉變爲暢銷貨呢？

他思考良久，終於想出了一招——製造輿論。

藉凝聚與引導輿論潮流來推銷自己的產品，挽救企業，也就是施行所謂的「借屍還魂」計策。

在當時的日本，小型房車售價相當貴，一般家庭根本無力購買，因此有許多人雖然考取了駕駛執照，卻沒有能力購車，只能望「車」興歎，過不了「開車癮」，更當不了「有車族」。

SB咖哩粉公司決定從這個地方下手，於是幾天後，當地許多家報紙出現了一張大篇幅的廣告：「有照無車者請注意，本公司出租咖哩色小轎車，租期一年，收費低廉。」

果不出總裁所料，這則廣告一刊出，馬上轟動，吸引了無數想過開車癮的社會中低階層收入人士，甚至有些人因動作太慢，只能抱憾向隅。

放眼東京街頭川流不息、五顏六色的車流，打廣告刊出後，逐漸開始出現咖哩色小轎車，且爲數不少。

每當人們看到這種顏色的汽車，總免不了指手畫腳、議論一番：「看！那就是SB咖哩公司的汽車！開起來還眞神氣呢！」

所有稱讚與議論起了等同於活廣告的效應，一夕間，SB咖哩粉公司出名了，不僅知名度與聲望直線提高，作爲主力產品的咖哩粉也隨之暢銷。

產品暢銷帶來可觀的利潤，至此，SB公司算是眞正的死而復生。

正因爲巧妙借用了爲數甚多的租車者，從而造成聲勢，對於SB公司知名度的提高，有快速且直接的效果。

知名度的提高，帶動產品由谷底翻身，從滯銷一躍而轉爲暢銷，SB公司最終名聲大噪，擠身「大公司」、「知名企業」之列。

由此可知，若能將「借屍還魂」之計做得妥善且恰當的運用，將可推動原先前途堪慮的企業東山再起，雄霸一方。

商戰筆記

- 別小看了輿論的威力，它會直接影響一個企業的生命。
- 對處於存亡關頭的企業來說，「造勢」是扭轉情勢的機會。若能創造某種聲勢，塑造出產品炙手可熱或企業本身關心消費者等等正面形象，就可能「借屍還魂」，重新再起。

不斷創新，就能點石成金

巧施「借屍還魂」計策，不但足以使一個本來已瀕臨死亡的產品起死回生，甚且點石成金，更上一層樓。

行銷戰略中，有「商品壽命循環」一詞，亦即任何一種新商品，在進入市場後，都會歷經導入期、成長期、成熟期、衰退期幾個階段。

處於衰退期的商品，因爲成長遲滯、利潤遞減，最後便淪爲生產者眼中「令人失望的商品」。

對於「失望商品」的處理之道，若非徹底放棄，就須找出創新策略，換個方向，再造「第二次商品壽命循環」。

關於「第二次壽命循環」的再造，有很多精采的例子，例如自行車本爲交通工具，但逐漸被機車、汽車取代，失去昔日風光，成爲處於衰退期的商品。但廠商並不就此放棄，而是將自行車的設計與功能再加改良，並且重新定位爲「運動娛樂」工具，從而開創出新生機。

此外，再如電扇、電冰箱等商品，在進入成熟期、衰退期之際，廠商將其由原先刻板印象中的家庭、客廳用，改爲個人、臥室用，再度開拓出市場。

此類做法，和「借屍還魂」的概念脫不了關係。

商品定位要隨社會潮流、需求，隨時進行調整，以求眞正符合消費者的需要，貼合市場脈動。

很多年前，在台灣市場，風行著一種叫作「仙桃牌通乳丸」的產品。這種產品的銷售對象是已婚婦女，主要功效在於使奶水充足，以便哺育嬰兒。

由於效果不錯，價格也算合理，相當受到鄉下地區婦女的信賴和歡迎，銷售量一直十分穩定。

但隨著社會進步，情況開始改變，不再如以往樂觀。

人民生活水準普遍提高，以往婦女普遍營養不良、奶水不足的現象已逐漸減少，再加上本土與進口奶粉促銷攻勢凌厲，此外，婦女親自以母乳喂哺嬰兒的情形越來越少見。

因此，通乳丸的銷量逐漸走下坡，甚至絕跡於藥房。

但是，即便是一種瀕臨消失、即將死亡的產品，也能靠著經營者的精心策劃，枯木逢春。

通乳丸的「再定位」，著重產品推銷重點的創新，以及需求對象的改變。過去的訴求重點在於使母乳充足，現在則改為使乳房發育健全；過去的推銷對象為已婚且生育的婦女，現在則改為未婚少女。

憑藉推銷重點和對象的改變，使通乳丸得以用嶄新的面目重現市場，且一出現便引起為數眾多未婚少女的興趣，創造出新生命。

在西風東漸的潮流下，人們的審美觀點逐漸從面貌的姣好，改變為注重整體身材的健美。由此看來，通乳丸的「再定位」，不但時機相當有利，亦具有非常充分的說服力。

在行銷魔杖的揮舞下，巧施「借屍還魂」計策，不但足以使一個本來已瀕臨死亡的產品起死回生，甚且點石成金，更上一層樓。

難怪有人會說「行銷就是不斷創新」，對照現今瞬息萬變、競爭激烈的商業領域，這句話相當有道理。

商戰筆記

- 商品定位要隨社會潮流、需求，隨時進行調整，以求真正符合消費者的需要，貼合市場脈動。
- 任何商品都有「生命循環」，有盛有衰，而「正確定位」便是推動循環第二次運轉的有效驅動力。

把社會注意力化為經濟效益

吸引了社會大眾的注意，並將無形的社會效益轉化為最終有形的經濟效益，終於走出了經營危機。

想要成爲商場強者，必須充滿創意，不畏艱難挫折，堅定向目標挺進。除此之外，更必須具備應有的敏銳度，靈活運用商業手段。

竹園賓館由港商與大陸合資建立，起初經營得相當好，但自從港商破產，竹園賓館被迫重整後，以前擁有的一些合資優惠條件因轉爲國營企業而喪失，入住率越來越低，形勢十分嚴峻。

新上任的總經理李三帶爲了重振昔日盛況，針對竹園賓館設備較差和地理位置不好……等等劣勢，提出了「以軟體彌補硬體不足」、「軟體經營，公關先行」的經營策略。

當時，恰逢「全國保齡球精英賽」即將舉行，李三帶認為深圳是個新興城市，文化可塑性較強，既然保齡球已經在海外和港澳各地備受青睞，在深圳肯定也會受到歡迎。

於是竹園賓館聯繫各界人士，並慷慨贊助經費，提供比賽場地和食宿，將精英賽申請到竹園賓館來舉行。

同時，他們又出資支援「深圳保齡球協會」成立。

那段時間，大街小巷都在談論保齡球，深圳的廣播電視也做了不少專題介紹，一時間，保齡球場成為一個休閒的好去處。

由於保齡球與竹園賓館同時吸引了社會大眾的注意，知名度大大提高，很快走出了經營困境。

後來，竹園賓館將對保齡球的熱衷擴展到整個體育界，先後接待了第六屆全運會、第八屆亞乒賽、中國首屆特奧運動會、全國健美精英賽等參賽者，儼然與體育事業建立了密切關係。

從表面上看，關心體育運動、贊助體育事業與賓館經營無關，但正是對體育活動的熱衷，才眞正確立起賓館的形象，並將無形的社會效益轉化爲最終有形的經濟效益。

此外，竹園賓館又從各方面提高員工素質，加強內部管理，優化賓館服務品質，終於走出了經營危機。

商戰筆記

- 建立良好形象，有助於提高名聲，帶來商機。
- 與社會大眾注目的活動結合，並提升內部品質和外部形象，能有效化解危機。

第15計

調虎離山

智者會在表面屈服於敵人，誘使對手降低戒心，

實則暗中準備，等待時機、積蓄實力，

只要機會一到，馬上傾全力出擊。

【原文】

待天以困之，用人以誘之，往蹇來返。

【注釋】

待天以困之：天，指天時、地理等客觀條件。困，作動詞使用，使困擾、困乏。句意爲：期待不利的客觀條件去困擾對方。

往蹇來返：語出《易經・蹇卦》。蹇卦的卦象爲艮下坎上，艮象山，坎象水。王弼注曰：「山上有水，蹇難之象。」故在此處，「蹇」，有難的意思。返，李鏡池《周易通義》注：「返，猶反，廣大美好貌。」往蹇來反，意思爲去時艱難，來時美好。

【譯文】

等待自然條件對敵人不利時再去圍困敵人，用人爲的假象去誘惑敵人，向前進攻有危險，那就想辦法讓敵人反過來攻我。

【計名探源】

《孫子兵法．始計篇》說：「利而誘之，亂而取之，實而備之，強而避之。」詭詐是用兵打仗的基本原則。如果敵人貪利，那就用利去引誘他；如果敵營混亂，那就要乘機攻破他；如果敵人力量充實，那就要加倍防範他；如果敵人兵力強大，那就設法避開他。

調虎離山用在軍事上，是一種調動敵人的謀略，核心在「調」字。虎，指敵方。山，指敵方佔據的有利地勢。如果敵方佔據了有利地勢，並且兵力眾多，防範嚴密，我方不可硬攻。正確的方法是設計誘敵，把敵人引出固守的據點，或者把敵人誘入對我軍有利的地區，這樣做才能取勝。

東漢末年，軍閥並起，各霸一方。孫堅去世之時，其子孫策年僅十七歲，年少有爲，繼承父志，勢力逐漸強大。

西元一九九年，孫策打算向北推進，奪取江北盧江郡。盧江郡南有長江之險，北有淮水阻隔，易守難攻。佔據盧江的軍閥劉勳勢力強大，野心勃勃。孫策知道，如果硬攻，取勝的機會很小，和眾將商議後，定出了一條調虎離山的妙計。

針對劉勳極其貪財的弱點，孫策派人送去一份厚禮，並在信中把他大肆吹捧了一番。信中說劉勳功名遠播，令人仰慕，並表示要與劉勳交好。此外，孫策還以弱者的身份向劉勳求救說：「上繚經常派兵侵擾我們，我們力量薄弱，不能遠征，請求將軍發兵降服上繚，我們感激不盡。」

劉勳見孫策極力討好他，萬分得意。

上繚一帶十分富庶，劉勳早就想奪取，見孫策一副軟弱無能的模樣，以為沒了後顧之憂，決定發兵上繚。部將劉曄極力勸阻，但劉勳被孫策的厚禮、甜言迷惑，不聽勸諫。

孫策時刻監視劉勳的行動，見劉勳親自率領幾萬兵馬去攻上繚，城內空虛，心中大喜，說道：「老虎已被我調出山了，我們趕快去佔據劉勳的老窩吧！」立即率領人馬水陸並進，襲擊盧江，幾乎沒遇到抵抗，就十分順利地控制了盧江。

劉勳猛攻上繚，一直不能取勝，突然得報孫策已攻取盧江，知道中了調虎離山之計，後悔不已，只得灰溜溜地投奔曹操。

乘虛而入是進佔市場最省力的道路

避實擊虛，以己之長攻敵之短，如此不僅能有效提高知名度，同時也可以取得實質的勝利。

無論多麼強大、多麼受歡迎，任何品牌、任何產品都不可能只有優點，沒有缺點。那麼，該如何抓住對手的缺點，打得對方措手不及呢？

具有一百多年歷史的伊士曼．柯達公司，早年壟斷了日本的底片市場。但在第二次世界大戰後，當地工業開始逐步發達，富士公司興起，到一九七〇年代，差不多已把柯達的產品完全「驅逐出境」。

富士底片及攝影器材不但完全控制了日本本土，而且大舉揮軍進攻，甚至直指美國。

柯達公司美國總部終於意識到問題的嚴重性——富士方興未艾的攻勢將威脅到自身生存。

正在困惑之際，柯達公司決策者獲得一則消息，指出日本富士雖在海外市場開拓中取得節節勝利，對國內的促銷工作卻有所放鬆。

得知情報，柯達公司立即派人前往日本市場本調查，結果發現情況屬實。

機不可失，高層迅速定出了應對策略。

第一，立即在東京、大阪等大城市設立據點，投入五百萬美元與當地人合夥經營，借助他們的力量進行促銷。

第二，多方投資，利用日本的人力和條件，擴大自身實力，例如買下啓農工業公司二十%的股份。這家公司專門生產二十毫米小型照相機和攝影鏡頭，但知名度不高，柯達將產品貼上自己的商標出售，對雙方都有利。漸漸地，名號開始在日本市場傳開。

第三，不惜血本進行廣告宣傳。正當富士公司沉迷於海外市場的擴張時，柯達公司大手筆砸下幾百萬美元，在日本各大城市豎立起霓虹招牌，於電視和報刊上大登廣告，同時還贊助日本流行的相撲、柔道、網球等運動。

皇天不負有心人，柯達公司根據一則資訊而大力開展的促銷工作，果然達成了在日本捲土重來的目的。一九九〇年，它在日本的銷售額達十三億美元，比五年前增加了六倍。

柯達公司完美示範了何謂避實擊虛，以己之長攻敵之短，如此不僅有效提高知名度，也在競爭中取得了實質勝利。

商戰筆記

- 要想奪得勝利，必須清楚對手的優缺點。以己之長，攻敵之短，是進佔市場最有利的道路。
- 成功的機會無所不在，就看你有沒有發掘的眼光，有沒有制勝的計謀。

往有「裂縫」的地方前進

哪裡有細縫就鑽進去，哪裡出現真空就趕快填補。任何強者身上都有弱點，都會碰上無心疏漏的時候。

日本曾長期提倡武士道精神，是一個講究戰略戰術運用的國家，不論是過去的殺戮戰爭，或現在從事兵不血刃的商戰，所秉持的精神都相同。

綜觀近幾十年的發展過程，可以發現，日本企業進軍國際市場，主要採用的都是「避實擊虛」戰略。

說穿了，就是採取迅速行動，趁著敵手尙無法反應，對出現的空隙展開攻擊，擊破對方缺乏戒備或實力最薄弱的地方。

這種戰術，大多藉著以下幾種手段表現：

• 迂迴包抄

二次世界大戰後，商戰主要在歐美各地展開，因爲歐美各大跨國企業的眼光與觸角，都尚未伸向其他遼闊的、可供競爭的空間。

這對產品品質還不算太高，打不進歐美市場的日本企業來說，等同一個可以鑽營、發展的大空子。

它們首先進攻亞、非兩地市場，選擇的進攻點，一般都是不存在競爭對手，或競爭對手實力較差，不成威脅，大有可乘之機的地方。

以電腦產業爲例，日本人最先攻克亞洲鄰近各國家，然後是澳洲，最後才將戰場推向歐洲和美國。

同理，日本生產的汽車和摩托車也是首先打入亞洲市場，然後再一步步向外擴張。影印機、家用電器、音響設備等許多公司，最先選擇的市場，必定在美國和歐洲企業鞭長莫及的地區。

• 填補真空

哪裡有細縫就鑽進去，哪裡出現眞空就趕快塡補。日本人規劃商戰時的視野是全球性的，可以形容爲無所不在，不放棄任何可能機會，即便是人所不知的小地方、偏僻國家。

帛琉共和國、北馬里亞納聯邦、馬紹爾群島等，都是後來才獨立的小國家，過去分別爲英國、法國、美國的殖民地。殖民者撤出後，日本人迅速塡補了他們留下的眞空，在這些地區積極展開工作。

現在，南太平洋群島的任何地方，都可以看見停在椰子樹下的豐田汽車，即使是最小的漁船，也使用山葉的馬達推動。島嶼村子的小雜貨鋪裡，銷售著日本麵條和啤酒，甚至連鹽和白糖都來自日本。

任何人見狀，都不得不對日本企業的「無孔不入」感到嘆服。

有「裂縫」，就有市場。發展需要腳踏實地、按部就班，也需要敏銳的好眼力和企圖心，相信自己無論處在何種狀況都有機會開始。

• 攻其不備

任何強者身上都有弱點，都會碰上無心疏漏的時候。

日本企業正式進入美國市場，主要是在一九六〇年代之後。

雖然從表面上看來，歐美各大公司已統治所有的主要市場，但若再加以細分，可以發現市場上仍存在顧客需求被忽視或無法滿足之處。對日本企業來說，這就是機會。

那時，歐美大公司多側重於生產華貴、大型且價格較高的產品，且自恃產品已經是名牌貨，無須改進，不愁無人購買，態度高傲強硬。

日本廠商卻正好相反，決心換個角度切入，以小而輕巧、質優且價廉的產品進攻美國市場。

美國企業最初根本不把他們放在眼裡，輕慢、驕傲地將本田的第一輛輕型摩托車視爲「玩具」，把新力的第一台小型電視機貶爲「玩物」。但銷售數字很快反應了現實，這些產品反得到美國顧客的普遍讚賞。

於是，價廉省油的小型汽車、摩托車，便宜且便於攜帶的收音機、電視機，功能、價格都切合小型公司需要的影印機等等日本貨，便在美國同類型企業自鳴得意、不屑一顧的情況下，相繼湧入美國市場。

等當地各大老牌企業發現情況不妙，再想謀求反擊，爲時已太晚，日本企業就此於廣大的美國佔有一片天。

所以，眞正聰明的商人，會把對手的「裂縫」當作導引自己前進的指標。

商戰筆記

- 任何強者身上都有弱點，端看懂不懂得發掘、把握，對症展開攻擊。
- 有「裂縫」，就有市場。發展需要腳踏實地、按部就班，也需要敏銳的好眼力和企圖心，相信自己無論處在何種狀況都有機會開始。

耐心等待可供反擊的時機

智者會在表面屈服於敵人，誘使對手降低戒心，實則暗中準備，等待時機、積蓄實力，只要機會一到，馬上傾全力出擊。

《孫子兵法．始計篇》說：「利而誘之，亂而取之，實而備之，強而避之。」詭詐是用兵作戰的基本原則。如果敵人貪利，那就用利益引誘他；如果敵營混亂，那就要乘機攻破陣地；如果敵人實力充沛，那就要加倍防範；如果敵人兵力強大，那就設法避開。

一九二五年，自大學畢業後，古耕虞便返家繼承家業，擔任四川重慶古青記少掌櫃，成爲古氏「虎牌」豬鬃的第三代經營者。

依靠自身敏銳且過人的智慧，他順利在競爭中吃掉一個又一個對手，很快使古青記成爲大陸西南豬鬃業霸主。

當時，同樣經營豬鬃業務的合中公司，是一個強大、頗具威脅性的競爭對手。合中公司的老闆朱文態是江浙大財閥，還是中國銀行總經理張公權的妹婿，以此爲後盾，實力自然雄厚，加上他本人也懂國際貿易，因而所主持的公司規模遠非其他人可比。

決定在重慶設立分公司經營豬鬃以後，朱文態便咄咄逼人地要求古耕虞將「虎牌」豬鬃就地出售，由他負責出口。

古耕虞婉言謝絕了對方的無理要求，並與之周旋。這使得朱文態大感面子掛不住，一怒之下，決心高價在重慶收購豬鬃，想藉這手段，將古耕虞擠出市場，徹底把「虎牌」封殺。

面對強手的進逼，古耕虞並不感到惶恐，決定以沉著的態度應戰，期望藉調虎離山之計奪得勝利。

他利用對方大量收購豬鬃之機，一方面再提高自身豬鬃的品質，另一方面暗中指使手下，將次等貨大量賤賣出去。朱文態買進幾千箱貨物，得意洋洋，以爲已經將「虎牌」產品全部收購了，便改貼上「飛虎」商標，大量出口，運往英國倫敦市場銷售。

等到朱文熊與英商展開進口談判，古耕虞見機不可失，立刻搬出預先囤積於貨倉的「虎牌」豬鬃，大幅壓低定價，同樣銷往倫敦市場。

倫敦商人一經比較，便發現「虎牌」與「飛虎」兩種商品間存在頗大差異，一個物美價廉，一個質劣價高，於是原先購買「飛虎」豬鬃的商人立刻群起表示不滿，要求退貨賠款。

這件糾紛鬧得比想像更大，更不好收拾，即便由當時的駐英公使顧維鈞親自出面交涉，也未能將問題解決。最後，雙方的糾紛只得按照英國傳統方式，由商業公會進行仲裁。

巧的是，商業公會所指定的仲裁人，竟是「虎牌」在英國委託的代理人。

朱文熊衡量情況後，認為自己現在居於下風，已經難與「虎牌」為敵。為防再吃大虧，不得不託人專程前往重慶拜訪古耕虞，以放棄在重慶販賣豬鬃為條件，請他出面調解，希望做到賠款而不退貨，因為退貨的損失太大。

古耕虞見保住市場的目的已經達到，當然樂意為之，便發了封電報到倫敦，指示大事化小、小事化無，儘速了結案子，不需要太與對方爲難。

表面好似屈服於敵人，誘使對手降低戒心，實則暗中準備，等待時機、積蓄實力，只要機會一到，馬上傾全力出擊，使敵方應變不及，這就是古耕虞得勝的最主要原因，值得借鏡。

商戰筆記

- 遭遇對手的主動挑戰，不妨暫時按捺，降低對方的戒心，等到最適當時機來臨再全力反擊，一舉奪回勝利。
- 但在成功反擊之後，也未必非要置對方於死地，「樹立一個敵人不如結交一個朋友」，這句話的真意，相當值得推敲、琢磨。

小心漫天飛舞的作假招數

常常使用「調虎離山」，會失掉信譽，因此應審慎小心。同時也該提防對手採用同樣招數，讓自己失掉珍貴的有利條件。

面對「天上掉下來的禮物」，不要過度興奮，因爲很多時候，這其實暗示了背後正有對手的詭計在進行。

美國某公司準備對外出售一套舊設備，內部人員其實都知道，只要能賣到六萬美元就算合理，但卻希望價格能炒得越高越好。

在售價談判中，有好幾位買主參與競爭。有位買主表示願出七萬美元，且當場付現，沒想到竟有另一位買主突然開出九萬美元高價，但無法一次付清，只能先給十%訂金。

賣方沒想到這套舊設備還能賣到如此好價錢，自然萬分欣喜，當下便同意成交，拒絕了其他買主。

本以爲賺進一筆，意想不到的狀況卻發生了——三天後，買方來人說，由於當時誤判狀況，出價太高，合夥人不同意，所以難以成交，且這套設備的價值根本不超過五萬美元。

於是，賣方被迫再次與買方進行談判，幾經討價還價，最後以遠低於原先商定的價格六萬美元成交。

明眼人必定可以發現，這位當初願出九萬美元的買主，便是運用了「調虎離山」之計，以「假出價」爲手段，志在成功阻止一場原本能以七萬美元現金當場成交的生意。

賣方被數字沖昏了頭，忘記「賒千不如現八百」的交易原則，以至於啞巴呑黃連，白白損失應到手的一萬美元。

買主用九萬美元的假價錢，首先破壞賣方的有利地位，然後再進行談判，讓自己處於不敗之地，這確實是調虎離山計的精采運用。

但有一點值得注意，常常使用這種辦法，會失掉信譽，因此應審慎小心。同時也該提防對手採用同樣招數，讓自己失掉珍貴的有利條件。

商戰筆記

- 面對「天上掉下來的禮物」，不要過度興奮，因為很多時候，這其實暗示了背後正有對手的詭計在進行。
- 無論使用任何手段，都不可「過分」，應審慎拿捏、見好就收，以免傷害自己，得不償失。

第16計

欲擒故縱

對陷於困境的競爭對手，其實用不著窮追猛打，

倒不如網開一面，任由敗退而走，但卻在後尾隨不放。

【原文】

逼則反兵，走則減勢。緊隨勿迫，累其氣力，消其鬥志，散而後擒，兵不血刃。

「需，有孚，光。」

【注釋】

反兵：回師反撲。

走則減勢：走，逃走。勢，氣勢。句意爲：讓敵人逃走，減弱其氣勢。

累其氣力，消其鬥志：累，消耗。消，瓦解。意思是：消耗敵人氣力，瓦解對方的鬥志。

兵：兵器。

血刃：血染刀刃，即作戰。

需，有孚，光：語出《易經．需卦》。需卦的卦象爲乾下坎上，乾象剛、健，坎象水、險。需，等待之意。以剛、健遇水、險，故須等待，不要急進，以免陷入險境。孚，信服；有孚，爲人信服。光，光明、通達。此句意思爲：身處險境要善於等待，如果能讓對方相信，就會前途光明，大吉大利。

【譯文】

把敵人逼得太緊，對方就會拼命反撲，讓敵人逃跑則可以消滅對方的氣勢。對逃跑之敵要緊緊跟隨，但不能過於逼迫，藉以消耗其體力，瓦解其鬥志。等到敵人士氣低落、軍心渙散時再行捕獲，這樣就可以避免不必要的流血犧牲。總之，不進逼敵人，並讓對方相信這一點，就能贏得戰爭的勝利。

【計名探源】

欲擒故縱中的「擒」和「縱」是相對的，在軍事上，「擒」是目的，「縱」則是方法。

古人有「窮寇莫追」的說法，實際上不是不追，而是不要緊追，要是把敵人逼急了，對方只得竭盡全力拼命反撲。不如暫時放鬆一步，使敵人喪失警惕，鬥志鬆懈，然後再伺機而動，殲滅敵人。

施加精神壓力，奪取勝利

對陷於困境的競爭對手，其實用不著窮追猛打，倒不如網開一面，任由敗退而走，但卻在後尾隨不放。

經營公司，最終目標當然是爲了圖利，但不能急於求成，因爲有些事越急越容易亂。因此，要學會採用「欲擒故縱」手法，先放、再收，如此將更有可能獲得期望得到的東西。

《三十六計》當中有句話說：「逼則反兵，走則減勢。緊追勿迫，累其氣力，消其鬥志；散而後擒，兵不血刃。」

這句話的意思，是指逼敵過甚會遭反撲，任敵逃跑反而能削弱勢力。追擊宜尾隨而不迫近，以消耗體力、削減鬥志爲目的，等敵人完全潰散再去捕俘，可以有效避免流血戰鬥。

暫緩過急行動，小心行事，無形中瓦解敵人，必定有利於自己。

同樣道理，也可以應用在商場上。

對陷於困境的競爭對手，其實用不著窮追猛打，倒不如網開一面，任由敗退而走，但卻在後尾隨不放，施予精神壓力。如此，可使敵手在進退無路的掙扎中喪失鬥志，最終徹底崩潰。

商戰筆記

- 精神壓力無影無形，往往比實質的恐嚇、威脅、挑釁更可怕。
- 打敗敵人可以採用的方法有很多，其中，不動聲色施予精神壓力就是一種最輕鬆、卻出奇有效的方式。無須窮追猛打，就服人在千里之外。

耍點心機才能保護自己

面對他人的步步進逼，大可以同樣玩點手段，以其人之道還治其人之身，讓不安好心的人自食惡果。

一九八一年一月，美國ＩＢＭ電腦公司總部遭遇重大失竊案，一份有關軟體設計的秘密技術檔案竟從保險箱內不翼而飛。總裁盛怒之下，命令保衛處法律顧問卡拉漢迅速破案。

卡拉漢從一位剛自日本考察歸來的經理佩里口中得知，日立公司的主任工程師林健治手中，竟握有一份「IBM-308IK」電腦的設計手冊。

原來是這麼一回事！卡拉漢頓時感到怒火中燒，決心展開報復，於是找來聯邦調查局特別偵探賈連特遜，秘密策劃出一套「欲擒故縱」計謀。

不久，林健治受到邀請，千里迢迢前往美國與卡拉漢洽談一筆大生意，化名為「哈里遜」的聯邦調查局探員賈連特遜也在場相陪。

密談中，林健治求成心切，對他們兩人的真實身份毫不懷疑。卡拉漢笑臉相迎，處處偽裝出為林健治著想，「哈里遜」則表現得高深莫測，只強調自己是唯一能弄到「ＩＢＭ」內部情報的人。

林健治迫不及待地表示願出一萬美元購買「ＩＢＭ」最新產品資料，「哈里遜」嫌酬金太少，他便立即加價，表示願意提高到五至十萬美元，以換取最新電腦控制程式代碼。

「哈里遜」進一步提出要收現金，林健治也極為爽快地答應下來。

沒隔幾天，一陣急促的電話鈴聲，打破了日立公司駐舊金山辦事處的寧靜，主任工程師成瀨急忙拿起話筒，另一頭傳來了「哈里遜」的聲音：「參觀事宜已經安排好，但請務必在規定的時間內結束。」

成瀨不放心地追問：「真的沒問題嗎？花費多少無所謂，只要能看到機器。如果出問題，本公司損失就太大了。」

「哈里遜」顯得信心滿滿，一口保證沒有問題，要他們不用擔心。

第二天，成瀨從舊金山出發，匆匆趕往和「哈里遜」約定接頭處。「哈里遜」將他帶進一間密室，看到其中擺放著成堆的新產品，他興奮難耐地拿起相機，連連照個不停。

躲在暗處錄影的聯邦調查局密探見此醜態，全都差點笑出聲來，只有沉著冷靜的「哈里遜」不動聲色，陪同一旁，並故作熱心地催他快拍。

如此，「哈里遜」自然成爲日立公司心目中最能幹的「神秘人物」，不少人與他談判，向他「訂貨」，根本沒想到自己正踏入圈套。

一九八二年六月二十一日，林健治又到舊金山和「哈里遜」進行最後磋商。「哈里遜」說：「你們要的情報已全部弄到手，只要先付錢，便可交貨。」經過一番討價還價，以五十二．五萬美元成交，全部付現，次日上午交貨。

第二天上午九時，林健治等四名日本商業間諜，按約定時間來到一座大樓門口。走進大門，突然從前後左右閃出幾個彪形大漢，惡狠狠地向他們撲來，還沒來得及反應，每個人的雙手都已被手銬銬住。

林健治又驚又慌，忽然看見「哈里遜」朝他走來，才剛準備喊叫，一下子又愣在當場。只見「哈里遜」氣定神閒地掏出證件，竟不是什麼ＩＢＭ內部人員，而是聯邦調查局特別偵探賈連特遜。

林健治這才醒悟自己被ＩＢＭ公司狠狠擺了一道，但爲時已晚，只得無可奈何地低下了頭，束手就擒、俯首認罪。

對敵手仁慈，就是對自己殘忍，面對他人的步步近逼，大可以同樣玩點手段，以其人之道還治其人之身，讓不安好心的人自食惡果。

商戰筆記

- 做生意不能只想著走後門、欺騙顧客，但不可否認的是，使用手段、耍弄心機，確實為保護自己所不可或缺。
- 如果別人耍手段對付你，大可放心地「還」回去，以其人之道還治其人之身並不過分，一味傻傻承受才是對自己殘忍。

談判之前，製造對方的危機感

不但要能夠禁得起「比貨」，更進一步來說，還要「識貨」。在充分了解市場現況後，歸納出自身優勢，徹底發揮。

想要成爲商場強者，必須充滿創意，不畏艱難挫折，堅定向目標挺進。除此之外，更必須具備應有的敏銳度，靈活運用商業手段。

中國江西的余江工藝雕刻廠，原是一個負債累累，僅有兩車木頭資產、瀕臨垮台的小廠，但在經過幾年努力後，竟發展成爲年產値達數百多萬元人民幣的大廠。該廠的產品不僅打入日本，甚至戰勝其他在日本經銷多年的廠商，得到「天下第一雕刻廠」的美譽。

余江工藝雕刻廠廠長談到成功經驗時，以這樣一句話當作總結：「市場也像戰場，勝敗靠拚搏。」

工廠的信譽提升之後，日本三家株式會社的老闆，在同一天接踵而至，洽談訂貨，其中一家資本最雄厚的大商社，甚至表明願意按原價包下工藝廠生產的各種佛具產品。

這絕對是個好消息，但是廠長卻不敢輕慢以對。這幾家原都是主要經銷韓國、台灣產品的商社，爲什麼不約而同、爭先恐後地轉往余江工藝雕刻廠洽談？這本身是相當值得研究的資訊。

爲此，他徹夜翻閱日本市場資料，期許自己不但要能夠禁得起「比貨」，更進一步來說，還要「識貨」。

充分了解市場現況後，他歸納出余江工藝雕刻廠擁有木材品質好、技術水準高這兩大優勢，爲求徹底發揮，決定利用客商之間各自希求壟斷貨源與機會均等的矛盾，採取欲擒故縱對策，與各大商社進行談判。

首先，抓住較小客戶求貨心切的心理，在談判進行時，把佛壇的樑、簷、椽、柱，分別和他國產品相對照，當成金條似的爭價錢、扣成色。

一等談判價格達到理想，便立即與小客戶拍板成交，消息傳出，果然造成大客戶唯恐失落貨源的危機感，於是紛紛提高價錢，催促簽約訂貨。

如此一來，簽訂合約數量大增，超過原有生產能力好幾倍，余江工藝雕刻廠便憑藉著這方法，漂亮地賺進了一筆。

商戰筆記

- 面對不同的客戶，要採用不同的方法應對。切記，唯有對症下藥才能收到最好的功效。
- 「比貨」之前，請先學會「識貨」，除了要了解自己的狀況，也要了解市場與客戶的真正需要。

藉孩子的眼淚，攻陷父母的荷包

孩子在父母心目中的地位，重要到足以使企業經營者作為點石成金的利劍，敲開財源大門，登上成功寶座。

做一筆簡單的生意並不太難，但要做漂亮的好生意就難了，想賺大錢的商人無不爲此費心機。

對於孩子來說，世上最有吸引力除了父母親的懷抱外，大概莫過於玩具了。可以這麼說，玩具就等同兒童的天使，給他們一個快樂天堂。美國玩具製造廠商、經銷商都看好兒童消費市場，因而不斷推陳出新，精心設計、苦心製造出成千上萬種玩具，以滿足不同年齡層兒童的需要。

只有透過有效推銷手段及時銷售出去，產品才能轉化爲新的價值，產生利潤。

爲此，各廠家商家充分發揮自己的特長，不斷展開一場場別開生面的市場大戰，簡直可用「八仙過海，各顯神通」形容。

有一家名爲「奇幻谷」的玩具店，銷售辦法更堪稱一絕——儘量避開熱門產品，專門供應別家商店沒有的特殊玩具，特別是益智玩具。

這些造型別緻、款式新穎、功能獨特的玩具，不僅令孩子們開心不已，往往連老年人看了也興味盎然，躍躍欲試。

常言道「物以稀爲貴」，該玩具店不僅採取高價政策，而且還嚴格控制產量，造成人爲的「供不應求」局面，巧借「缺貨」假象，導演出一幕幕顧客爭先恐後哄搶產品的好戲，自然大大刺激了群衆的消費慾望，使營業額蒸蒸日上。

爲拓展業務，廣開銷售門路，「奇幻谷」還倚仗自身得天獨厚的條件，別出心裁地首創托兒業務，照顧那些因父母無暇陪伴而被暫寄於店中的兒童。

孩子們在店中可以玩玩具、做遊戲，還可以上電腦課，不但開心，又增長知識，家長們樂此不疲，連學校教師都常常帶著學生來店中參觀學習。

凡是暫寄於該店的兒童和前來參觀者，都一律按小時計價收費，價格相當合理，大批家長、教師前來辦理托兒或參觀業務，都給予相當高的評價。

更妙的是，凡在店裡停留一段時間的孩子，都會吵著要父母爲他們買下已經著迷的玩具。在孩子的眼淚和「保姆」殷殷勸說下，做父母的很難不掏腰包。

孩子是家庭的「上帝」，他們在父母心目中的地位，重要到足以使有心的企業經營者作爲點石成金的利劍，藉以敲開財源大門，登上成功寶座。

商戰筆記

- 「物以稀為貴」，越是罕見的特殊商品，對消費者來說，就越具有難以抗拒的吸引力。
- 抓住了孩子的心，就等於抓住了父母的荷包。

抓住消費者的眼光，靠的是「限量」

美味香食品行的高明，在於別有用心地不使所有客人都得到滿足，雖然損失部份近利，但卻以「寧缺毋濫」取信於人。

每逢年節，想要挑些食品、罐頭饋贈親友，或購買肉鬆、臘肉解解饞時，不少人會立即聯想起「美味香食品行」。

這是一家經營了數十年之久的老店，出人意料的是，店家維持聲譽於不墜的方法，竟然是「限量」——每天只製造有限的產品，當顧客上門已經買不到東西時，就表達歉意請他明日及早光臨。

與其如此，為何不多製造點商品滿足顧客的需求，順便賺進更多的錢呢？究其根本，導因於美味香食品行一貫秉持的「寧缺毋濫」原則。

雖然不是一間門面堂皇的店鋪，但維護它的聲譽仍需花費相當心力，小自選購採買，大至接待顧客。憑藉著老闆、師傅與售貨員的通力合作，使每一位上門的客人都能放心且愉快的採買，不用擔心受騙。

每天清晨，爲採買加工所需要的肉類，食品行師傅會親自到臨近市場選購上好豬肉，這樣一來，在原料上就取得了優勢，不至於輸給別人。

美味香食品行的另一個經營原則，是不做外銷。

這家商店眞正的招牌是煙燻火腿。煙燻是一門藝術，從佐料、鹵汁到火候都需要講究，非常不容易。美味香的煙燻製品向來只問質精，不求量多，爲不使顧客失卻信心，寧可少賺點錢，將送上來的生意推出門，也絕不爲眼前利益蒙蔽，讓火候不夠的產品弄砸招牌。

這就是美味香食品行不願拓展外銷市場的原因，不希望因爲接受大批訂貨，趕製不及，濫竽充數，破壞五十年時間辛苦建立起的信譽。

也因爲注意到原料的取材與製造，儘管行出產的煙燻火腿價格不低，每日上門的顧客還是絡繹不絕。

「敬請明日光臨」這一招十分有效，一來使美味香食品一直以品質精良聞名遐邇，贏得諸多顧客信任，老主顧也特別多；二來「吊」人胃口的效果極佳，顧客聞「香」自遠道而來，垂涎欲滴多時，買不到自然耿耿於懷，第二天非更提早些時間登門等候不可。

美味香食品行經營的高明之處，在於別有用心地不使所有客人都得到滿足。今日未能如願的顧客，將成爲明日勢在必得的顧客，雖然損失部份近利，但卻以「寧缺毋濫」取信於人，從而「擒」住歷經五十年不衰的聲譽。

商戰筆記

- 一個好的品牌，是旗下所有產品最有力的護身符。
- 不可諱言，越是得不到的東西，就越有吸引力，所以巧妙地利用「限量」塑造出有錢買不到的搶手形象，是凝聚買氣、提升業績的好方法。

第17計

拋磚引玉

千萬別小看了「拋磚引玉」的效力，
適時發揮創意，從意想不到的地方切入，
往往可以有效幫助你克服不利局勢。

【原文】

類以誘之，擊蒙也。

【注釋】

類：類似、同類。類以，用相類似的東西。

擊蒙：擊，打擊；蒙，蒙昧。語出《易經．蒙卦》：「擊蒙，不利爲寇，利禦寇。」蒙卦的卦象爲坎下艮上，其上九爻，爲陽爻處於蒙卦之終，按王弼的解釋，其喻意爲「處蒙之終，以剛居上，能擊去童蒙，以發其昧也，故曰『擊蒙』也。故不利爲寇，利禦寇也」。大意是：上九爻以陽剛之象居於前五爻之上，所以能給蒙昧者以開導、啓迪。爲盜寇之人，自然屬於蒙昧者之列，所以，如果占卦時占到本爻，則對爲盜寇者不利，而對防禦盜寇者有利。此處借用此語，意思是，打擊那些受我方誘惑而處於蒙昧狀態的敵人。

【譯文】

用非常相似的東西誘惑敵人，趁敵人懵懵懂懂地上當時，再狠狠地打擊。

【計名探源】

拋磚引玉，出自《傳燈錄》。相傳唐代詩人常建，聽說趙嘏要去遊覽蘇州的靈岩寺，爲了請趙嘏作詩，他便先在廟壁上題寫了兩句。趙嘏見到後，立刻提筆續寫了兩句，而且比前兩句寫得好。後來，文人稱常建的這種做法爲「拋磚引玉」。

此計用於軍事，是指先用類似的事物去迷惑、誘騙敵人，使其懵懂上當，然後乘機擊敗敵人的計謀。

《孫子兵法》說：「故善動敵者，形之，敵必從之；予之，敵必取之；以利動之，以卒待之。」

意思是，善於調動敵人的將帥，會以僞裝假象迷惑敵人，會以小利益來調動敵人，會以嚴整的伏兵來等待敵人進入圈套。

「磚」和「玉」是種對比。「磚」指的是小利，是誘餌；「玉」指的是作戰的目的，即大的勝利。「拋磚」是爲了達到目的的手段，「引玉」才是眞正目的。就像釣魚需用釣餌，讓魚兒嘗到一點甜頭才會上鉤，要讓敵人占一點便宜，才會誤入圈套。

讓付出的善意造福自己

予人以善，那麼，善還會以循環方式回歸到自己身上，在彼此之間不停運轉，使大家都得到利益。

在日本，有一位靠製造拉鏈而成就大業的商人，名叫吉田忠雄。他在一九四八年創辦吉田興業會社，如今不僅壟斷了日本市場，而且大舉向國際進軍，與豐田、新力等知名大廠牌一樣，成爲發達的日本工業代名詞。

成立七十多年來，吉田興業會社發展十分迅速，除了身爲日本首屈一指的拉鏈製造公司，在世界同行中也佔有一席之地。它所生產的拉鏈，約占日本拉鏈年度總產量的九十％，世界拉鏈總產量的三十五％，每年生產拉鏈累加總長度達一百九十萬公里，年銷售額超過二十億美元。

由一條小小的拉鏈起家，直至今日被譽爲「拉鏈大王」，可說實至名歸。

吉田忠雄能夠取得如此輝煌成就，究竟憑藉了什麼過人優勢？

對此，吉田忠雄曾向詢問者表示：「積五十年之經驗，就是奉行『善的循環』哲學。」

所謂「善的循環」哲學，按照吉田忠雄解釋，其實不難理解：「我向來主張經營企業必須賺錢，而且多多益善，但是，利潤絕不可獨吞。我將所得利潤分爲三部分，三分之一讓利給消費者，讓他們以低廉價格得到品質好、種類齊全的產品；另外三分之一，分給銷售公司產品的經銷商和代理商；最後的三分之一，則用在自己的工廠。」

「不爲別人的得益著想，就不會有自己的繁榮。」

「如果我們撒播善的種子，予人以善，那麼，善還會以循環方式回歸到自己身上。就這樣，善在彼此之間不停運轉，使大家都得到利益。」

吉田忠雄所講的「善的循環」，其實與「欲取先與」同出一轍，這也是三十六計中「拋磚引玉」戰略思想的演變與引申——把好處留給別人，則最終也會爲自己帶來好處，形成輪迴。

正是因爲在數十年經營中貫徹欲取先與的戰略戰術，吉田忠雄才能從一個沒沒無聞的小人物，成長、蛻變爲婦孺皆知的「拉鏈大王」。

商戰筆記

- 不可否認，人與人的相處是「互相」的，所以想要得到別人的善意，不妨先付出善意。
- 在不過分損及自己的情況下，可以嘗試著對其他人——包括員工或顧客，甚至敵手付出一些善意。換個方法，其實也能收到相當好的效果。

創意是更上一層樓的助力

創意的可貴，在於蘊含著太多可以發揮的契機，若能懂得抓住、改進並運用，生意不好也難。

沒有什麼事情注定不可能，機會往往蘊藏在想像不到的地方。只要遇上富創意與實驗精神的人，垃圾也可能變成黃金。

利特爾公司是現今世界知名的科技諮詢公司之一，但前身不過是創始人利特爾於一八八六年建立的一個小型化學實驗室。

轉型契機發生在一九二一年的某一天，當時，在一場聚集了許多企業家的集會上，眾人大談科學和生產的關係。其中有一位富商表現得相當不屑，武斷地否定了科學的作用與價值。

一向崇拜科學的利特爾自然不能認同，當即向這位富商解釋了科學對企業生產可以帶來的種種幫助。

卻沒料到對方仍是一臉輕蔑，不僅如此，還尖酸地嘲諷了利特爾一番，最後甚且挑釁地說：「你看，我的錢太多了，連錢包都裝不下。這樣吧！如果科學眞的管用，就請你用豬耳朵幫我做個錢包，如何？」

說完，富商鄙夷地哈哈大笑。

利特爾怎麼會聽不出這段話中的諷刺意味呢？

儘管氣得嘴唇直發抖，爲了維持風度，科特爾還是強自忍耐，謙虛地微笑道：「謝謝你的建議，我會試試。」

之後不久，奇怪的事情發生了，市面上的豬耳朵竟全部缺貨，被不知名的買主收購一空，到底是怎麼回事呢？

原來正是利特爾的實驗室已經暗中行動。透過科學步驟，購回的豬耳朵被分解成膠質和纖維組織，然後再製成可紡纖維，紡成絲線，染上各種不同顏色，最後果眞製出各式各樣的錢包。

「把豬耳朵做成錢包」，原本只是個惡意挑釁，卻激發了利特爾的創意，不僅讓他成就一個驚人發明，也從中抓住大好商機，自此聲名大噪。

這就是創意的可貴，蘊含著太多可以發揮的契機，若能懂得抓住、改進並運用，生意不好也難。

商戰筆記

- 沒有什麼事情注定不可能，機會往往蘊藏在想像不到的地方。只要遇上富創意與實驗精神的人，垃圾也可能變成黃金。
- 當實力受到懷疑，當遭遇他人的惡意挑釁，與其怨恨不平或意氣用事地反擊，倒不如將所有憤怒轉化為迎向挑戰、證明自己的力量。

從意想不到的角度展開攻勢

當仍身為弱者時，若不懂變通，不懂改變思維，從不同的角度思索並展開攻勢，結果必定是以卵擊石，被勢力正逢頂峰的對手打敗。

一個經商者得以獲致成功，除了可能憑藉一定的背景或經濟實力，個性上必定也具有常人所不及的創意與膽識。

毫無疑問的，創意與膽識是成功經商者必備的素質。

石油大王洛克菲勒曾開創一番傲視全美的事業，但他並非一步登天，創業之時，也和大多數人一樣遭遇到財力、物力、人力不足的窘境。可是儘管如此，他仍堅持向夢想前進，下定決心非得壟斷煉油業，成為霸主不可。

身爲同夥人之一的佛拉格勒頗有心計，便建議道：「那些原產地的石油公司只在需要的時候才與鐵路公司打交道，平時則完全置之不理，態度反覆無常，鐵路公司積怨已久，相當不滿。」

「一旦我們與鐵路公司訂下合約，每天固定運輸多少油，他們一定會在運費上給我們秘密折扣。如此一來，既確保了運輸順暢，還降低成本。別的公司無論現在規模再大，時日一久，終究不會是我們的對手。」

洛克菲勒採納了這個建議，開始頻頻與鐵路公司接觸，並很快選擇與鐵路霸主之一、貪得無饜的凡德華爾特爲合作對象，幾番磋商後，雙方達成協定：洛克菲勒以每天訂六十輛車的條件，換取每桶原油運費降價七分的空間。

低廉的運費使成本壓力減低，讓售價得以下降，進而迅速拓寬了銷路。從此，洛克菲勒的事業規模開始迅速成長，向世界最大石油集團的寶座邁進。

當仍身爲弱者時，洛克菲勒若不懂變通，不懂改變思維，從不同的角度思索並展開攻勢，結果必定是以卵擊石，被當時勢力正逢頂峰的其他煉油企業打敗，也就沒有日後建立「托辣斯」帝國的盛景了。

善於發揮創意的洛克菲勒，巧妙地借助第三者——鐵路霸主的力量，搶奪到運輸優勢，順利在同行不知不覺間搶下了市場，實現以小魚吃大魚、壟斷石油業界的願望。

商戰筆記

- 一個經商者得以獲致成功，除了可能憑藉一定的背景或經濟實力，個性上必定也具有常人所不及的創意與膽識。
- 身為弱者，最怕就是看不清局勢演變，不懂變通，一味與他人硬碰硬，結果落得以卵擊石的失敗下場。

發揮創意將計就計

千萬別小看了「拋磚引玉」的效力，適時發揮創意，從意想不到的地方切入，往往可以有效幫助你克服不利局勢。

大智若愚不僅僅是一種做人處世態度，也可以應用在商場上，達到欺瞞對手、製造假象的效果。

近年來，高爾夫球逐漸成爲許多企業家、商人所喜愛的休閒運動，一座座佔地廣大、規劃完善細密的高爾夫球場不斷在市郊山明水秀處出現。

衆所周知，球場位置好壞往往便決定了生意的好壞，地理條件好，顧客就多，自然容易獲利。

但這樣的土地因為價格不菲，地主的姿態也會較高傲，交涉過程中，往往難以順利溝通，取得共識。

有一回，東京郊區一塊相當適宜興建球場的土地準備出售，許多商人聞言都表示出高度興趣，京山也是其中一個。

當時，這塊地的市值約為兩億日圓，京山很快盤算一下，認為手邊可以動用的資本尚不足夠，難以和其他人競價，便決定要點小手段，讓自己能以更低的價格將這塊地買到手。

首先，他大舉放出風聲，四處表示自己對這塊土地非常感興趣，果不其然，地主的經紀人很快便找上門來。

對方見京山一言一行活脫像是個不懂行情的門外漢，便存心好好地敲他一筆，開口便是五億日圓的天價。

京山不是省油的燈，當然知道那位經紀人不安好心，把他當凱子。但他並不說破，反倒將計就計，非常開心地表示價格便宜，並且馬上承諾願意購買，要對方回絕其他人。

此後，經紀人多次連絡京山正式簽約，但他卻一改態度，不是不見蹤影，便是藉口拖延。等到經紀人終於沉不住氣，向他攤牌，京山知道時機到了，便不疾不徐、老神在在地開始分析那塊地的優缺點，證明自己其實相當內行，最後強調該筆土地根本沒有五億日圓的價值。

雙方當即展開討價還價，經紀人擋不住京山的凌厲攻勢，步步退卻，最後亮出兩億日圓底價，但京山並不干休，說道：「如果就是要以市價買下，我又何必費這麼大工夫和你周旋呢？」

地主則更傷腦筋，因爲他到處揚言「京山以五億高價把我的地買下」，如果現在傳出交易破裂的消息傳出，重新再找理想買家恐怕不容易；一來可能遭到之前拒絕的買主嘲笑、輕視，二來免不了又要被殺價，結局恐怕更糟。

最後，無可奈何之下，他只得向京山說：「既然如此，你開個價吧！」京山見機不可失，開出一．五億日圓低價，地主忍痛應允成交。

與人交涉、談判時，大部分人會選擇從一開始就表現出咄咄逼人、精明幹練的氣勢，卻不知道換個角度，裝出大智若愚的模樣，更能誘使對手跳進自己佈置好的陷阱。

千萬別小看了「拋磚引玉」的效力，適時發揮創意，從意想不到的地方切入，往往可以有效幫助你克服不利局勢。

商戰筆記

- 面對有心機的對手，不妨同樣玩點手段，誘使對方降低戒心，以為遇上一頭肥羊，從而主動跳進你早已挖好的陷阱裡。
- 大智若愚不僅僅是一種做人處世態度，也可以應用在商場上，達到欺瞞對手、製造假象的效果。

激發高昂的競爭意識

若想邁向一流企業，必須凝聚員工們的意見和力量，因而有必要激起鬥志，使他們為公司強盛不顧個人私利地奮鬥。

本來沒有敵人，卻非要製造出一個假設的敵人，這種「拋磚引玉」的方式，對振奮員工士氣，提升鬥志相當有效。

在日本市場，「象印熱水瓶」和「泰佳熱水瓶」彼此敵視，不斷展開激烈爭鬥已是衆所周知的事實。

最初，日本熱水瓶盡是泰佳的天下，當象印熱水瓶開始加入生產時，沒有人預想到它日後能成爲跟泰佳爭霸的企業，因爲當時的象印，不過是家小得不能再小的公司。

然而，在一個叫市川重幸的年輕人就任象印董事長之後，情形改變了。他一就任，便把獨霸一方的泰佳熱水瓶公司視為大敵。

「你們到各地方出差時，無論在旅館或是餐廳，如果服務生拿出泰佳的熱水瓶，就別在那兒吃飯或住宿，馬上出去，換一家吧！」

對每一個將要出差的員工，董事長都這麼再三吩咐。

當時大家都不太瞭解董事長的用意，但過不久，這番話就傳到每一個人耳中。徹底的敵視政策，很快就變成上下一致的「打倒泰佳」熱潮。

泰佳因為始終高居熱水瓶行業的王座，因而在象印急起直追時輕慢面對。但象印是不可漠視的，等泰佳發現不妙，雙方銷售額已經相差無幾了。

「情況非常不妙，必須打倒象印才能生存！」泰佳董事長菊池義人接任後，也同樣把象印視為不共戴天的仇敵，大加撻伐。

放眼日本熱水瓶業，幾年來，只有象印和泰佳的銷售額不斷增加，業績蒸蒸日上，其中最大的原因，就是兩家公司強烈的敵對意識。

競爭者假造「敵國」的做法，乍聽似乎有些缺少君子風度，無緣無故興風作浪，然而要知道，二流企業若想邁向一流，必須凝聚員工們的意見和力量，因而有必要激起鬥志，使他們爲公司強盛不顧個人私利地奮鬥。

若是假設「敵人」有助於業績突飛猛進，那麼爲了公司的壯大，不妨從今天起創造一個「敵人」吧！

商戰筆記

- 「設定競爭對象」可以提升鬥志，敵視意識所激發的向心力，可以使團隊發揮最大力量，帶來最不可思議的奇蹟。

第18計

擒賊擒王

成功抓住「王」，便能更輕易地掌控整個局面，
找到解決問題的關鍵，從備受冷落的不利情況下，
一舉翻身，扭轉劣勢。

【原文】

摧其堅，奪其魁，以解其體。龍戰於野，其道窮也。

【注釋】

奪：搶奪、抓獲。魁：第一、首位，此處指首領、主帥。

解：瓦解。體，軀體、整體、全軍。

龍戰於野，其道窮也：語出《易經．坤卦》。坤，此卦是坤上坤下，為純陰之卦，為純陰發展到極盛階段之象。「龍戰於野，其道窮也」，意思是強龍爭鬥於郊野，相互殺傷，血漬斑斑，以至陷入窮途末路。本計引用此語，其意當為：賊王被擒，群賊無首，其戰必敗。

【譯文】

摧毀敵人的主力，擒住對方的首領，就可以瓦解全軍鬥志。敵軍群龍無首，必然面臨絕境，無法發揮戰力。

【計名探源】

擒賊擒王，語出唐代詩人杜甫《前出塞》：「挽弓當挽強，用箭當用長。射人先射馬，擒賊先擒王。」

此計用於軍事，是指打垮敵軍主力，擒拿敵軍首領，使敵軍徹底瓦解。擒賊擒王，就是捕殺敵軍首領或者摧毀敵人的指揮基地，使敵方陷於混亂，便於我方徹底擊潰之。

唐朝安史之亂爆發後，安祿山氣焰囂張，連連大捷。安祿山之子安慶緒派勇將尹子奇率十萬勁旅進攻睢陽。御史中丞張巡見敵軍來勢洶洶，決定據城固守。敵兵二十餘次攻城，均被擊退。

尹子奇見士兵已經疲憊，只得鳴金收兵。晚上，士兵剛剛準備休息，忽聽城頭戰鼓隆隆，喊聲震天，尹子奇急令部隊準備與衝出城來的唐軍激戰。

然而張巡「只打雷不下雨」，不停擂鼓，卻一直緊閉城門，沒有出戰。尹子奇的部隊被折騰了一整夜，疲乏至極，眼睛都睜不開了，倒在地上就呼呼大睡。

這時，城中突然一聲炮響，張巡率領守兵衝殺出來。敵兵從夢中驚醒，驚慌失措，亂作一團。張巡一鼓作氣，接連斬殺五十餘名敵將、五千餘名士兵，敵軍大亂。

張巡急令部隊擒拿敵軍首領尹子奇，部隊一直衝到敵軍帥旗之下。但張巡從未見過尹子奇，根本不認識，現在又混在敵軍之中，更加難以辨認。

張巡心生一計，讓士兵用秸稈削尖作箭，射向敵軍。敵軍中不少人中箭，以爲這下完了，卻發現自己中的是秸稈箭，心中大喜，以爲張巡軍中已沒有箭了，爭先恐後向尹子奇報告這個好消息。

尹子奇覺得這是一個進攻的好機會，於是親自指揮。張巡見狀，立刻辨認出敵軍首領，急令神箭手南霽雲放箭。南霽雲一箭正中尹子奇左眼，只見尹子奇鮮血淋漓，倉皇逃命，敵軍一片混亂，大敗而逃。

先「擒王」才能攻下市場

成功抓住「王」，便能更輕易地掌控整個局面，找到解決問題的關鍵，從備受冷落的不利情況下，一舉翻身，扭轉劣勢。

毫無疑問的，二十一世紀的今天，日本新力（SONY）公司早已是享譽全球的知名大企業，但若將時間點往前推，回溯到一九七〇年代中期，在當時的美國，它只不過是名不見經傳的「雜牌貨」。

當卯木肇風塵僕僕地抵達美國芝加哥市，接掌新力公司海外營銷事業時，公司業績非常不理想，暢銷於日本本土的彩色電視機竟然只被放在賣場最不起眼的角落，幾乎無人問津。

面對如此難堪局面，卯木肇日夜苦苦思索，意圖突破，卻一籌莫展。

有一天，他駕車出外，偶然經過一處牧場。當時滿天紅霞，已接近日落，牧童正驅趕著羊群走入柵欄。領頭的羊脖子上繫著一個鈴鐺，隨前進而叮噹作響，群羊則跟在牠屁股後面，溫馴地魚貫而入。

看著看著，卯木肇忽然靈機一動，覺得心中有某一個想法被觸發，忍不住興奮地大叫一聲：「有了！有辦法了！」

這畫面給了他刺激，頓時悟出推銷彩色電視機的辦法：眼前這一大群羊之所以能規規矩矩行走，是因爲有一隻「領頭羊」帶領，新力要是也能找到一家商店來扮演「領頭羊」角色，必定也能很快地打入市場。

經過一番考量，卯木肇決定以當地最大的電器銷售商馬希利爾公司爲主攻對象。第二天早上，他興沖沖地趕往馬希利爾公司求見經理，沒想到得到的答案卻是「經理不在」。

卯木肇心想，或許是太忙所以不便接見，明天再來吧！便回去了。

第二天，他選了另一個時間前往，但這次仍未如願。直到第四天，才好不容易見到馬希利爾公司的經理。

「我們不賣新力的產品。」

想不到，卯木肇還沒開口，對方經理劈頭就加以拒絕，接著又數落說：「你們動不動就降價拍賣，讓人感覺不出產品的價值，好像洩了氣的皮球被踢來踢去，沒有人要。」

爲了大局著想，卯木肇只得忍氣吞聲，陪著笑臉，表示以後絕對不再做盲目的削價銷售，並馬上著手提升商品形象。

結束會面後，卯木肇立即取消所有的減價銷售活動，並在當地報刊上重新刊登廣告，再造商品形象。

帶著刊登廣告的報紙，卯木肇再去求見馬希利爾公司經理，這回對方仍舊拒絕銷售，理由是「售後服務太差」。

卯木肇二話不說，回到公司立即下令設置新力特約維修部，負責產品的售後服務，並重新刊登廣告，公佈特約維修部的地址與電話號碼，保證隨傳隨到。

本以爲已經萬無一失，沒料到下一回見面，馬希利爾公司經理改以「新力知名度不夠，不受消費者歡迎」爲由，三度拒絕銷售。

雖然仍舊遭到拒絕，但卯木肇沒有灰心，反倒覺得充滿信心、勝券在握。他召集三十多位工作人員，規定每人每天必須撥五通電話至馬希利爾公司，假裝成客人，詢購新力的彩色電視機。

馬希利爾公司經理為此大感惱火，對卯木肇吼道：「你究竟在搞什麼鬼？製造假象，干擾我們的正常工作，太不像話了！」

卯木肇卻不慌不忙，像是一切反應都在意料內，待經理氣消了一點後，開始大談新力產品的優點，以及暢銷日本的盛況。他誠懇地說：「我三番兩次求見，一方面是為本公司的利益，但同時也對貴公司很有好處。新力產品既然能在日本暢銷，就一定可以成為馬希利爾公司的搖錢樹。」

馬希利爾公司經理聽了這番話以後，立刻又找出一條理由：新力產品的利潤太低，比其他彩色電視機廠商的折扣少二%。

對此，卯木肇巧妙地回應：「即便產品折扣高，擺在店裡賣不出去，對貴公司來說也沒有太大助益；新力的折扣雖少，但品質好，保證銷得快，貴公司將可獲得更大收益，不是嗎？」

皇天不負苦心人，這番話終於打動了馬希利爾公司經理，同意進兩台試賣看看。卯木肇立即選派兩名能幹且年輕的業務員，將兩台彩色電視機送至馬希利爾公司，並要他們直接留在那兒，協助馬希利爾公司店員進行銷售。

臨走前，卯木肇還特別強調他們必須與店員打好關係，此外，如果一週之內無法將這兩台彩色電視機賣出去，他們兩人也就不用再回公司了……

當天下午四點鐘，兩位業務員帶回了令人振奮的大好消息——兩台彩色電視機均已售出，馬希利爾公司非常滿意，追加訂購兩台。

至此，新力產品終於擠進了芝加哥的「領頭羊」商店。當時正值十二月初，是美國家用電器市場的銷售旺季，經過一個耶誕節假期的強力推銷，一個月內竟賣出七百餘台，跌破所有人的眼鏡。

馬希利爾公司大發利市，立刻轉變態度，由那位經理親自帶領部屬登門拜訪卯木肇，表示決定以新力的彩色電視機爲公司新一年度主打產品，並建議連袂於芝加哥各大報刊雜誌刊登巨幅廣告，提高商品知名度。

有了馬希利爾公司這隻「領頭羊」負起開路任務，芝加哥其餘一百多家商店紛紛提出要求，表明願意經銷新力產品。不出三年，新力彩色電視機在芝加哥市場佔有率即升至三%，連帶著打入美國其他城市。

卯木肇的膽識過人，但是他運用的策略並不深奧，說穿了就是「擒賊先擒王」。

馬希利爾公司是芝加哥電器銷售業的「領頭羊」，也就等同此一行業的「王」。成功抓住「王」，便能更輕易地掌控整個局面，找到解決問題的關鍵，自然能夠讓卯木筆從備受冷落的不利情況下，一舉翻身，扭轉劣勢。

商戰筆記

- 知名度對市場銷售量的影響很大，所以不管哪種領域的廠商，都會把打開知名度當作首要任務，而讓已有知名度者為自己的產品「護航」不失為一有效計謀。
- 解決問題要從關鍵下手，就像擒賊必定得先擒王。應用得當，必定能夠一舉打入市場，扭轉劣勢。

貼合消費者需求的產品最受寵

身為精明的經營者，應該確實對影響市場消費的諸多因素進行仔細分析，評估重要性與影響力，抓住主導需求。

一九八一年，英國王子查爾斯決定迎娶戴安娜，在倫敦舉行一場耗資十億英鎊，轟動全世界的「世紀婚禮」。

消息傳開，立刻引起轟動，不僅人潮從四面八方湧入，倫敦城內和英國各地許多工廠、商店的老闆也感到興奮不已，同樣看準了這一機會，絞盡腦汁想發一筆「婚禮財」。

生產糖果、餅乾的工廠全都在包裝盒上印著王子和王妃的照片，除此以外，紡織、印染行業也沒放過機會，全都對產品進行了重新設計，標上具有紀念性的特殊圖案。一場豪華婚禮讓許多商家發了一筆橫財，其中獲利最多是一家專賣望遠鏡的小店。

盛典進行之時，從白金漢宮到聖保羅教堂，沿途擠滿近百萬群眾，擠得水洩不通。當站在後排的人們正因爲無法看清街景而焦慮時，突然從背後傳來響亮的叫賣聲：「用望遠鏡觀看盛典吧！一個只要一英鎊！」

長長的街道兩旁，同一時刻出現數百名兒童，每一個手裡都拿著用馬糞紙配上玻璃鏡片製作的簡易望遠鏡。結果可想而知，大批的簡易望遠鏡傾刻間被搶購一空，讓這家商店賺進一大筆鈔票。

近百萬觀衆之中，個個都懷抱著不同的需求，或許有的想要購買一枚漂亮的紀念章，有的想要買一對紀念玩偶，有的想要帶回一盒印有王子與王妃照片的糖果。但無論如何，若不能在關鍵時刻看清王子與王妃的模樣，必定是最大憾事。這家商店的成功，在於確切抓住了所有觀禮群衆的「最根本需求」——親眼目睹這場本世紀最豪華婚禮的渴望。

消費需求是各式各樣的，一般可分爲主導需求和輔助需求，其中，主導需求決定人們的購買行爲，影響力較輔助需求大了許多。

商場競爭激烈，時時都有商機，也時時都有考驗，想要掙得自己的一片天，便不可不精明。身爲精明的經營者，應該確實對影響市場消費的諸多因素進行仔細分析，評估重要性與影響力，做到「擒賊擒王」，抓住主導需求，才能在競爭中獲勝。

商戰筆記

- 消費需求和消費行為五花八門，依重要性的不同，可以分為「主導需求」與「輔助需求」兩大類。
- 消費者的喜好決定了產品的銷售成敗，所以必須透過對市場的仔細分析，確實抓住最迫切需要滿足的「主導需求」。

創意可以促進成功的交易

主動，並且巧妙發揮創意思維，可以抓住沒有購物意願的顧客，做成比其他店家更多的生意。

食品市場上，「吃過再買」是一些經營者為吸引消費者、誘發購買慾，而構想出的一種推銷方式。

這種推銷方式雖然貼心，但仍有美中不足之處，就是只能吸引那些購買目的較明確的人，無法有效激發大多數人的潛在購買慾望。就一般狀況來說，當一個人心中還沒有明顯購買慾望時，是不太好意思主動去「試吃」的。

那麼，能否主動出擊，讓顧客不得不嚐、不得不買呢？

若心中對此感到疑問，不妨看看以下這個成功的例子。

在阿根廷首都布宜諾艾利斯，有一條相當熱鬧的費洛伊達大街，是人潮群聚之處。一天，一群來自台灣的觀光客在街上閒逛著，不經意走進一間佈置非常漂亮的糖果店。

剛進店門，老闆就主動迎上前，做出表示歡迎的手勢。緊接著，未等看清店內販售商品，已有一位店員把一盤擺飾精美的糖果捧到面前，笑容滿面、柔聲慢語地以英文說道：「這是本店最受歡迎的產品，清香可口，甜而不膩，免費招待，請盡量品嚐，千萬不要客氣。」

如此盛情難卻，幾位遠方來客自然恭敬不如從命。雖然他們並不很想要購買糖果，但總覺得既然免費嚐到了甜頭，不買點什麼實在說不過去，對店家相當不好意思，於是最後每人都買了一包糖果。

因爲主動，並且巧妙發揮創意思維，讓這位店老闆抓住了沒有購物意願的顧客，利用「不好意思」的心理，做成了較其他店家更多的生意。

商場競爭激烈而且對手衆多，想要抓住顧客，免不了得督促自己花下更多心思，發揮更精彩的創意。

比起被動地等待客人上門，主動出擊者得到的機會無疑更多，自然也可以將業績數字提升得更高，可說百利而無一害。

商戰筆記

- 比起被動地等待客人上門，主動出擊者得到的機會無疑更多，自然也可以將業績數字提升得更高，可說百利而無一害。
- 「免費招待試吃」是許多商家都喜歡採用的推銷方法，因為它除了可以招攬有意願購買的客人，還能讓原本無意購買的客人因為不好意思而掏腰包。

做生意當然需要好眼力

兒童雖然不具備獨立的經濟能力，但是因為受到父母疼愛，往往能夠憑喜好決定家庭的消費方向，是商人眼中不可錯過的「大金主」。

做生意，不只需要高明的手段，也需要精準的「眼力」。要做成生意，就要確實找出下手的對象。「擒賊先擒王」，找不出「王」，不過徒然浪費自己的時間與精力。

某個星期天，一對年輕夫婦抱著一個只有一兩歲的孩子逛百貨公司。只見那孩子不斷東張西望，小手對著陳列的各種貨物指指點點，看來興致勃勃，相當興奮。走著走著，來到販售兒童玩具的部門，一位售貨小姐迎上前來，堆著笑臉，熱情地向孩子的父母打招呼：「需要買點玩具嗎？要不要參考一下？」

夫婦倆搖搖頭，一語不發，抱著孩子準備轉身離開。

沒想到在這個時候，孩子卻突然大聲哭鬧起來：「我要玩具！我要玩具！」年輕夫婦一聽，只好陪著笑臉又勸又哄，但卻完全無濟於事。

售貨小姐眼見機不可失，立即挑出好幾種不同的玩具拿到孩子跟前，然後打開電動開關讓它們活動起來，並親切地問道：「小朋友，你想要哪件玩具呀？阿姨拿給你。」

孩子馬上停止了哭鬧，睜著大眼睛，語氣乾脆地說：「我喜歡機器狗。」

孩子說完，售貨小姐並不馬上拿出機器狗，而是轉頭看向年輕夫婦，只見兩人猶豫了一會兒，交換了個眼色，終於還是無奈地點了點頭。

就這樣，售貨小姐順利地做成了一筆生意。

爲什麼翻開報章雜誌或打開電視，總會發現有許多廣告是衝著兒童而來呢？其實，原因並不難理解，兒童雖然不具備獨立的經濟能力，但是因爲受到父母疼愛，往往能夠憑著喜好決定家庭的消費方向，是商人眼中不可錯過的「大金主」。

透過這個故事，我們同樣可以體會到「擒賊先擒王」的重要。售貨小姐第一次的推銷爲什麼會失敗呢？原因很簡單，就是沒有選對目標，沒有看出誰才是眞正決定消費行爲的「王」。

商戰筆記

- 要做成生意，就要確實找出下手的對象。「擒賊先擒王」，找不出「王」，不過徒然浪費自己的時間與精力。
- 別小看了兒童的力量，他們雖沒有獨立的經濟能力，卻往往可以決定父母的消費行為，是聰明的商人必定不會放過的「大金主」。

能建立信賴，自然獲得青睞

能讓人信賴的商家，自然能獲得消費者青睞；以優質服務使消費者產生信賴，消費者必將以實際購物行為給予回報。

上海市金橋百貨位處當地相當繁華熱鬧的商圈中，隔壁是知名的華聯商廈，對面是規模宏大的上海服裝商店，附近還有其他許多同類型商店，可謂強手如雲，競爭極爲激烈。

金橋百貨既非名店或老牌，僅是一個中小型零售百貨公司，卻曾經創下傲人紀錄——五項主要經濟指標蟬聯全國同類商店之首，連續五年不間斷。

金橋百貨是憑藉著什麼取得如此佳績呢？

答案是，抓住消費者的心。

人們常爲買到不稱心、不滿意的商品而煩惱，但在金橋百貨購買的商品卻絕對沒有這個後顧之憂。金橋上下所有員工奉行的做法是「售出商品不損不汙，可退可換；品質問題，保證解決；原因不明，協商解決；商店責任，負責解決；顧客責任，幫助解決」。

以下是一個最明顯的例子。

一位外地顧客在「金橋」購買了一套床罩，售價爲一百六十元人民幣，卻在半年後前來要求退貨。儘管當時這批床罩的價格已經降到一百二十八元人民幣，營業員還是二話不說，乾脆地以原價辦理了退貨。

這位顧客當即十分高興地說：「其實，我本來根本不抱希望，沒想到金橋百貨卻如此負責。說實在話，要不是親身經歷，我絕不相信。」

金橋百貨的過人之處不僅如此，甚至還包括一項堪稱「獨步全球」的服務——凡顧客在其他商店購買的商品，只要沒有污損、保持完好，且金橋百貨本身有正好有販賣，就可以憑發票於「金橋」直接退換。

這條宣言一推出，立刻引起轟動。即便不是在金橋百貨購買的商品也包退包換，眞的有這麼好的事情嗎？對此，消費者多抱持著懷疑態度，金橋百貨則以實際行動證明了絕非空口說大話。

一天，一位手捧羊毛衫的女子來到金橋百貨的羊毛衫櫃檯前，目不轉睛地盯著櫃上一件相當漂亮的羊毛衫，露出後悔莫及的神情。售貨員見狀，便熱情地上前招呼，詢問是否需要服務。

原來，這名女子在上海的另一家商店買了一件羊毛衫，準備在參加友人婚宴時穿，但事後發現不太合適，便前去該店要求退換，結果遭到拒絕。

話一說完，售貨員馬上接過她手中的羊毛衫，檢查過沒有瑕疵後，一口答應讓她換一件自己中意的款式。

這位女子又驚又喜，興奮地說：「這比直接送我一件新衣服還更令人高興，以後若要再買任何東西，我一定先到金橋百貨來。」

雖然在資本或賣場面積上比不過其他大型百貨公司，但憑藉著眞心爲顧客服務的態度，使金橋百貨在競爭激烈的上海殺出重圍，奪得青睞。成功的最大原因，在於擒住了服務行業中的「王」——消費者。

能讓人信賴的商家，自然能獲得消費者青睞；以優質服務使消費者產生信賴，消費者必將以實際購物行爲給予回報。

商戰筆記

- 凡身為消費者，必定希望能買到最物超所值的商品，同時得到商家最貼心的服務，此乃人之常情。
- 越能體貼消費者，就能籠絡他們的心，當然，能做到這一點，業績必定越來越好。

孫子兵法三十六計：
商戰奇謀妙計

作　　者　羅　策
社　　長　陳維都
藝術總監　黃聖文
編輯總監　王　凌
出 版 者　普天出版家族有限公司
　　　　　新北市汐止區忠二街 6 巷 15 號
　　　　　TEL / (02) 26435033 (代表號)
　　　　　FAX / (02) 26486465
　　　　　E-mail：asia.books@msa.hinet.net
　　　　　http://www.popu.com.tw/
　　　　　郵政劃撥 19091443 陳維都帳戶
總 經 銷　旭昇圖書有限公司
　　　　　新北市中和區中山路二段 352 號 2F
　　　　　TEL / (02) 22451480 (代表號)
　　　　　FAX / (02) 22451479
　　　　　E-mail：s1686688@ms31.hinet.net
法律顧問　西華律師事務所・黃憲男律師
電腦排版　巨新電腦排版有限公司
印製裝訂　久裕印刷事業有限公司
出 版 日　2020 (民 109) 年 11 月第 1 版
ISBN◉978-986-389-745-3　　條碼 9789863897453

國家圖書館出版品預行編目資料

孫子兵法三十六計：商戰奇謀妙計／
羅策著.—第 1 版.—：新北市,普天出版
民 109.11 面；公分. - (智謀經典；34)
ISBN◉978-986-389-745-3 (平裝)

智謀經典

34